INHALT

STATT EINES FORWARDS.
DAS SMARTPHONE UNSER.

Smartphone unser in der Hand
Geheiligt werde dein Display.
Deine Eilmeldung komme.
Dein Post geschehe.
Wie auf Twitter, so auf Facebook.
Unser tägliches Bot gib uns heute.
Und vergib uns unseren Hass,
wie auch wir vergeben unsern Hatern.
Und führe uns nicht in Kommentarspalten,
sondern erlöse uns von Trump.
Denn dein ist das Like
Und der Fav und die Akkuladezeit.
*In Ewigkeit, *Zwinkersmiley**

DER NEUE TYRANNOSAURUS.

Vor dem ehrwürdigen Naturkundemuseum in Berlin-Mitte steht eine Traube Helikopter-Kinder und verliert gerade – mal wieder – die Bodenhaftung. Genau dann, als ihre Eltern an einem Laktose freien Bio-Eis Geschmacksrichtung Quinoa-Mango-Sorbet schlecken und über die Rettung der Welt im Allgemeinen (gut) und den Sinn der CO2 Abgabe bei Transatlantikflügen im Besonderen (zweifelhaft) sinnieren. Irgendwo muss man ja anfangen.

Ein vollkommen aus der Zeit gefallener Mann mit grauem Bart, Schlapphut und in vielen Jahrzehnten antrainierter Hippie-Attitüde stellt mittels eines langen Bindfadens riesige Seifenblasen her. Wären die Kinder älter, würden sie hier gerade viel über ihr weiteres Leben lernen, was das zerplatzen so einiger Dinge angeht: Birth, School, Zerplatz, Death. Aber noch sind sie voller Vorfreude, was da noch alles kommen mag. Der Tyrannosaurus Rex im Foyer des Museums ist ganz neidisch.

Bei dem Berufs-Hippie weiß man nicht mehr so recht: ist er echt oder hat er sich liebevoll-mühsam eine Fassade zurechtgebaut, die nach kapitalistischen Maßstäben den höchsten Mehrwert verspricht? Verspricht der Sonderling, der sich vordergründig den gesellschaftlichen Zwängen entzieht den höheren Gewinn? Ist also im Grunde alles anders, als alle denken. Vor allem die Eltern die ihre Zungen sonst hüten, während ihre Geschmacksknospen ein mittelmäßiges Eis genießen, das aber eine richtige Haltung hat (auch was die Eier bei der Produktion angeht). Und Haltung ist ja im Grunde alles, da kann man den Rest vergessen.

Der Hippie produziert einstudiert-spontan eine Seifenblase nach der anderen. Mit übertriebener Geste versucht er die Kinder zum Mitmachen zu animieren, während diese mit den Smartphones ihrer Eltern spielen. Nur DHL Paketboten haben einen mieseren Job und sind noch unsichtbarer. Plötzlich entsteht aus der abgestandenen Lauge etwas unglaublich Phänomenales, was die Welt (und der Hippie und die Kinder und deren Eltern) noch nie gesehen hatten: eine Seifenblase in Form eines Melitta Kaffeefilters. Der einzige Mensch, der aufmerksam wurde, war der Kaffeeröster vom Museums Café, der gerade ein Kaffeeähnliches Heißgetränk aufgoss. Die Filterblase stand einen sehr langen Moment in der Luft, glänzte in bunt-öligen Farben und hypnotisierte mit dem Spiel seiner Muster. Der Hippie dachte an sein Haus in der Uckermark, dass er mit Seifenblasen bezahlt hatte und der Eisschleckende Start-Upper dachte an sein Haus in der Uckermark, das er mit Seifenblasen bezahlt hatte. Friedliche Ko-Existenz in seiner reinsten Form.

BÄM!

Dann platzte die Filterblase und übrig blieben ein paar kleine Spritzer am Boden. Ein Nichts. Ein Moment der Erdgeschichte, der einfach so da war und dann wieder nicht. Die Eltern sammelten ihre Kinder ein, gingen ins Museum und betrachteten das Dinosaurierer-Skelett, als sie an der Kasse per App bezahlten. Wir würden überleben – Komet, was da wolle – war der einhellige Tenor dieser Generation.

Und dann hatten alle ein diffuses Gefühl von Verbundenheit und gerade in dem Sinne eines – von ja – Angst.

ICH BIN EIN MÜLLENIAL.

ONE MÜLLION DOLLAR BABY.

Ich bin eine kleine Einweg-Plastiktüte und schwimme inmitten eines großen Plastikstrudels in den unendlichen Weiten des Nordatlantiks. Dieser Strudel ist größer als das Saarland. Aber was ist nicht größer als das Saarland? Eigentlich ist alles größer, als das Saarland. Nicht nur von der Fläche. Aber was weiß ich schon als als unbescholtene Einweg-Plastiktüte von Aldi Süd. Und was kommt da gleich für eine Frage auf? Nein, nichts wegen Müllvermeidung, sondern was macht eine Aldi Süd Tüte im Nordatlantik. Haben die Aldi-Brüder das nicht aufgeteilt? Aldi Nord im Nordatlantik, Aldi Süd im Südpazifik. Kann man sich in unserem schönen umweltfreundlichen Deutschland auf wirklich nichts mehr verlassen?

Benutzt wurde ich genau einmal, so wie es sich für eine Einweg-Plastiktüte gehört. Denn wo kein Wille ist, ist Einweg. Mein Kurzzeit-Besitzer trug einen typischen Einkauf mit mir rum: eine Flasche Korn im Angebot für 4,99€, 12 Dosen Billig-Bier, eine Palette Kleiner Feigling (er war auch einer) und eine Konserve Ochsenschwanzsuppe. Die Ochsenschwanzsuppe sollte verschleiern, dass es sich bei seinem Einkauf um einen typischen Alkoholiker-Einkauf handelte. Klappte nicht immer. Wenn die Kassiererinnen aus der Ukraine den Alkohol über den Scanner zogen machte das Gerät zuverlässig einen Warnton: Achtung, Alkohol – keine Abgabe an Leute unter 16 Jahren. Aber die Kassiererin reagierte bei ihm schon gar nicht mehr drauf und zog die Ochsenschwanzsuppe rüber. Übrigens ohne Warnton.

Er schleppte mich von seinem Aldi Süd etwa 300 Meter bis zu seiner Couch. Dort lief der Fernseher, irgend ne Doku-Soap, wo eine Frau eine andere anschrie. Überhaupt wurde viel geschrien. Brüllen, anders konnte man sich nicht mehr verständlich machen. Nur mein Besitzer blieb immer stumm. Und ich natürlich auch, Einweg-Plastiktüten können nicht sprechen oder gar schreien. So blieb auch mein Protest recht überhörbar, als mein Besitzer mich schließlich entsorgte. Er warf mich achtlos aus dem Fenster und der mit feinsten Feinstaub durchsetzte Wind einer Stadt, die größer war als das Saarland (konnte ja auch nicht anders sein) trieb mich in das Bett eines Flusses.

Und jetzt bin ich seit etwa 12 Jahren hier im Nordatlantik und alles dreht sich nur um uns selbst. Ich habe Freundschaft geschlossen zu Quietsche-Entchen, Alf-Telefonen (mit Wählscheibe!!!) und Barack Obama Plastikfiguren. Auf der Obama-Figur steht „Yes, we“ und dann etwas, was man nicht mehr lesen kann. Kann? Ich habe es bis jetzt nicht herausgefunden, als eine alte Can Billig-Bier an mir vorbeischwimmt. Die kenne ich doch?

„Hey, Can, weißt du noch Aldi Süd Ludwigshafen, vor etwa 12 Jahren?“

„Bist du es Einweg-Plastiktüte?“

„Ja, Can.“

In diesem Moment schwamm die Can an der Barack Obama Figur vorbei. Genau neben „Yes, we...“ und in diesem Augenblick fiel mir ein, wie wir die Plastikkatastrophe verhindern könnten.

„Yes, we...Can!“

– SCHM TWI

UNZEL-
TER –

BIKER PÄRCHEN:
„DUCATI."
„JA, SCHATZ?"

„BEI POKEMON GO TAUCHEN PLÖTZLICH MONSTER IN DER REALEN WELT AUF."
„DAS NANNTE MAN FRÜHER BESUCH VERWANDTSCHAFT."

TREFFEN SICH ZWEI TERROR-ORGANISATIONEN IN BAYERN:
„HAMAS?"
„GEMA!"

„WER WURDE 1984 FORMEL-1-WELTMEISTER?"
„LAUDA!"
„WER WURDE 1984 FORMEL-1-WELTMEISTER?"

„AM FREITAG DUSCHE ICH ENDLICH."
„WARUM?"
„TAG DER DEUTSCHEN REINHEIT."
„EINHEIT!"
„ACH, DANN MUSS ICH GAR NICHT DUSCHEN?"

DONALD TRUMP:
„ICH HABE EINEN ORKANSPENDE-AUSWEIS. DU AUCH?"

„SCHATZ, WARUM SIND BLAU ANGEMALTE MÄNNER IM WOHNZIMMER?"
„DU WOLLTEST DOCH, DASS ICH DIR BLUEMAN MITBRINGE."

+++ EIL +++ AN DER 2. KASSE IST GERADE EINE REWELUTION AUSGEBROCHEN +++ EIL +++

JOHANN SEBASTIAN BACHELOR.

CHIASAMEN KAUFE ICH NUR AUS DER REGION.

DALE: „WO LANDEN WIR?“
ICH: **„LAUDERDALE.“**
DALE: **„WO LANDEN WIR?“**

„ICH TRÄUME VON EINEM LEBEN AUF DER ÜBERHÖRSPUR.“
„WAS SAGTEST DU?“

„VOR 12 JAHREN WURDE DAS SMARTPHONE ERFUNDEN.“
„WAS SAGTEST DU?“

I DO VOODOO, WHAT WOULD YOU DO?*

American Werbefläche.

siegstyle war ein Mann mit vielen Talenten. Sein größtes war, Dinge anzufangen und nie zu beenden. Einmal war er Mitglied einer Band mit dem Namen „American Werbefläche". Sie kamen nie über eine Art Proberaum in einer heruntergekommenen Privat-Wohnung im Hamburger Stadtteil Altona hinaus. Sie wollten den Sommerhit 2001 produzieren, produzierten am Ende jedoch nur Verdruss. Sie, das waren siegstyle, Oben Ole und Obermäuschen. Drei junge Menschen mit einem Traum: immer weiter schlafen zu können, bis sie zu alt waren, dass man ihnen noch ein Talent abnehmen würde. Und das schafften sie auch.

Jahre später in Berlin. Es riecht nach dem Urin von tausender Billig-Touristen, die Billig-Bier und Billig-Schnaps irgendwo loswerden mussten. Berlin – the place to pee. siegstyle war nun ein Mann mit immer weniger Talenten, aber immer mehr Selbstgewissheiten. Er ging konsequent seinen Weg: raus aus der Haustür, gleich links, dann wieder rechts, rein in die U-Bahn, raus aus der U-Bahn, die Schlesische Straße runter, dann rechts und in den 4. Stock. Tag für Tag. Abend für

**alleralleralleralllererster Tweet vom 11.03.2007*

Abend (dann nur spiegelverkehrt).

Wenn er so ging und sich seinen Weg durch die Druffis an einem Freitagmorgen in Kreuzberg bahnte, musste er manchmal an American Werbefläche zurückdenken. Aber anders, als erträumt. Er dachte:

Irgendwo in einer zugigen Nebenstraße im von der Globalisierung fast vergessenen Dorsten hängt ein einsames Plakat und dürstet nach Aufmerksamkeit. Eine C-Belegung (wie Medien-Agenturen miese Standtorte nennen), die sonst nie von den Augen der von notorischer Werbung ermüdeten Menschen getroffen wird. Hier hängt die Familie aus der Check24 Reklame total unbeachtet. Der dümmlich-dickliche Typ mit seiner heißen MILF und den beiden Kindern, die irgendwie alternativlos im Kapitalismus hängen geblieben sind. Zu beschäftigt mit ihren Social Media Accounts, um irgendwas zu ändern, außer den Hashtag. Immer hoffend, dass man über ein Vergleichsportal ein Überschnäpppchen machen könnte. Robots rasen rastlos und willig in Millisekunden über die Webseiten von Online-Flugreisen-Anbietern und sagen dir, wann der Flug nach Mallorca am günstigsten ist. Das kleine Glück.

Aber einmal im Monat tut sich was. Wenn der Mond voller ist, als damals Harald Juhnke und heute Ben Becker verwandelt sich die Check24 Familie in die Schreck24 Familie und verbreitet neben saugünstigen Angeboten Angst und Schrecken im Discount-Format. Bevor jetzt Beschwerden kommen: es ist ein Premium-Discount-Format. Wenigstens. Plötzlich ändert sich alles. Beim Mietwagen-Vergleich kann man nur noch das Monster-Auto Carrie anmieten (Auszug aus dem Werbetext zum Modell: „Fährt sich wie von selbst“). Wer ein Hotel buchen will, kann das gerne tun. Er kann in Bates Motel einchecken und auch eine Bewertung hinterlassen: „Dusche unsauber – manche Flecken dort erinnerten an Rost oder Blut (???). Der Typ von der Rezeption sprach ständig von seiner Mutter. Apropos Mutter: der hatte auch eine Schraube locker. Einen Stern für die schöne Lage auf einer Anhöhe mit wunderbarer Aussicht.“ Flüge gibt es nur bei Malaysia Airlines und ausschließlich mit der Flugnummer MH370. Manchmal kommen sie wieder oder nie an. Horror pur. Überhaupt erinnert die Schreck24 Familie an eine Mischung aus Feuersteins und Frankensteins. Der dümmliche Dicke Papa wird Dr. (Frankenstein), die MILF eine Hexe und die beiden Kinder bleiben einfach Zombies.

Aber zumindest ist in Dorsten mal was los. Da wo man in der verlassenen Fußgängerzone aus den 1970er Jahren einen Horrorfilm drehen könnte. Wo die ehemaligen Einzelhandelsgeschäfte leer sind, wie die Hirne von Zombies. Nur noch Hüllen, die an vergangenes Leben erinnern. Sie mussten den digitalen Versandhändlern weichen. Die Amazone aus der Buchhandlung Kaczmarek flüchtete vor Amazon. Alles, was in ein Paket passt, wird heute versendet. Und wenn es nur der Wille der Menschen ist, doch was für die Einzelhändler zu tun. Der wird verpackt, vergessen und vermutlich wieder zurückgesendet. Derweil wird es in der Fußgängerzone immer einsamer, wie nach einer Zombie-Apokalypse.

Wo sind die Menschen geblieben? Die sind jetzt alle auf Schreck24 und suchen, vergleichen und finden. Oder finden, vergleichen und suchen. Die Reihenfolge ist egal. Schließlich machen wir dies doch alle. Auch ohne Schreck24 Familie.

Und siegstyle sah, dass es gut war.

THE ONLY WAY, IS THE SEGWAY.
(AUS DEM EINTRAG EINES CHINESISCHEN TOURISTEN
IM A&O HOSTEL FRIEDRICHSHAIN)

SEHR GEEHRTE DRAMEN UND HERREN:
WIR LANDEN IN WENIGEN MINUTEN IN DER HAUPTSTADT.

Als siegstyle nach Berlin kam, waren die Häuser grau. Grau sind heute nur die Anzüge der äußerst freundlichen Makler, die horrend teure Luxus-Lofts für jeden Geschmack ab 1 Million Euro aufwärts verkaufen. In nun glitzernden Häusern.

ICH NENNE MEINE GALERIE ÖNGEL & VELKERS.

MINDESTWOHN FÜR ALLE: 8,84 QUADRATMETER PRO STUNDE.

WO MAN IN BERLIN MIT #APPLEPAY ZAHLEN KANN:

🚫 RESTAURANTS
🚫 BARS
🚫 SUPERMÄRKTE
🚫 TAXI
✓ KOKSTAXI

Trotzdem. Es ist nicht alles schlecht.

HELIKOPTERELTERN IN HYBRIDEN SUVS SCHICKEN IHRE KINDER ZUM CHINESISCH-UNTERRICHT BEI LEHRERN, DIE MINDESTLOHN VERDIENEN. #MITTESTUDIE

Zugezogen sind nicht nur die Gardinen, sondern auch viele Berliner.

WILLKOMMEN IN DER HAUPTSTADT!

Aber bauen und Neubauten sind jenseits glitzernder Fassaden mit neoromantischen Namen wie „Sapphire“ oder „The Garden“ überhaupt schwierig geworden.

BER jeder Vernunft. Es dauert lang.

> HEUTE VOR 24 JAHREN STARB WILLY BRANDT,
> HEUTE IN 24 JAHREN WIRD EVENTUELL DER FLUHAFEN
> WILLY BRANDT ERÖFFNET. #BER

Aber irgendwann macht er auf. Eventuell.

> DIE GLEICHSTELLUNG VON MANN UND FRAU SOLL 2186
> ERREICHT WERDEN – EIN JAHR SPÄTER ERÖFFNET DER
> BERLINER GROSSFLUGHAFEN. EVENTUELL.

Selbst die US-amerikanische Spitzenpolitik mischt sich ein.

#BER NIE, SANDERS: US-POLITIKER WIRD INFORMIERT, DASS DER BERLINER GROSSFLUHAFEN NIEMALS FERTIG WIRD. #NEWSTWEET

Auch Sarkasmus spielt ab und an eine Rolle.

+++ EIL +++ #UNWETTER ÜBER BERLIN, GROSSFLUGHAFEN BER STELLT BETRIEB BIS AUF WEITERES EIN. +++ EIL +++

Zumindest unser Klima freut sich wie Bolle. Zumindest unser Klima freut sich wie Bolle.

TIPP FÜR WOWI: TEGEL SCHLIESSEN UND BERLIN ZUR ERSTEN FLUGHAFENFREIEN HAUPTSTADT DER WELT ERKLÄREN UM DAS KLIMA ZU RETTEN #BER

Spontane Idee: Warum machen wir nicht Martin Schulz zum neuen Flughafen-Chef. Kurze Frage in die Runde: kennt einer die Steigerung von Chaos?

GABRIEL: „SCHULZ KANN BRÜCKEN BAUEN." (ZWISCHENRUF DES BERLINER BÜRGERMEISTERS „KANN DER AUCH FLUGHÄFEN BAUEN?") #SPD

Überhaupt: Flughafen-Chaos? S-Bahn-Chaos? Rütli-Schule? Rechtsfreie Räume? Egal. Wir Berliner haben wenigstens Sex!

ENDLICH! BERLIN MAL IN DEN TOP 5!!!

Städtevergleich:

„IN BREMEN WOHNE ICH HINTERM DEICH, MANN."
„IN BERLIN WOHNE ICH HINTERM DEICHMANN."

Und wir schauen unheimlich gerne total wirre Serien mit No-Go-Areas. Mit Songs wie Palmen aus Plastik von Bonez MC RAF Camora.

„HABE GERADE BABYLON BERLIN GESEHEN."
„AUF SKY?"
„AUF KOKS IM BERGHAIN."

Und wir essen morgens, mittags, abends und in der Steinzeit.

WIEVIEL HIPSTER-GROSSSTADT BULLSHITBINGO PASST AUF EIN SCHILD?

Und Models, die alles machen. Nur nicht essen.
Während der Mercedes Bunz Fashion Week Berlin.

MEINE LIEBE ZU MODEBLOGGERINNEN STEIGT GERADE INS UNHERMÉSLICHE.

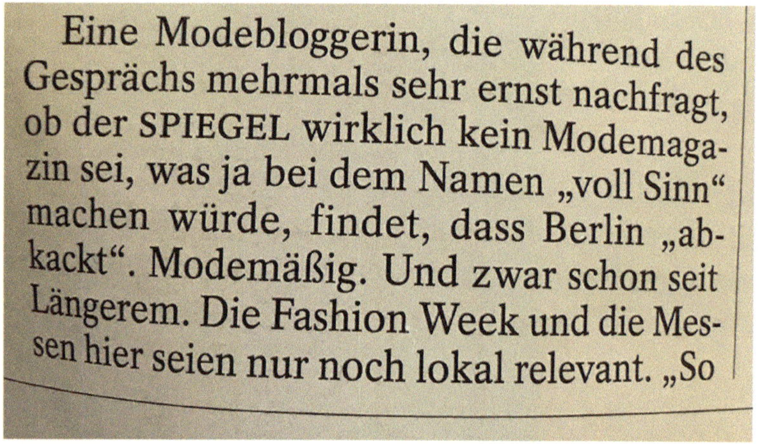

Eine Modebloggerin, die während des Gesprächs mehrmals sehr ernst nachfragt, ob der SPIEGEL wirklich kein Modemagazin sei, was ja bei dem Namen „voll Sinn“ machen würde, findet, dass Berlin „abkackt“. Modemäßig. Und zwar schon seit Längerem. Die Fashion Week und die Messen hier seien nur noch lokal relevant. „So

Und schließlich. Haben wir überhaupt eine Wahl?
Vielleicht schon.

DIREKT-KANDIDATEN KREUZBERG:
TIMUR HUSEIN (CDU)
CANAN BAYRAM (GRÜNE)
CANSEL KIZILTEPE (SPD)
HANS SCHNAPPATMUNG (AfD)

FÜR MICH SIND DIE LEIHFAHRRÄDER IN BERLIN DIE GRÖSSTE KUNST-INSTALLATION ALLER ZEITEN. DA KANN CHRISTO EINPACKEN.

„KANNST DU UNGEFÄHR BESCHREIBEN, WO DU DICH IN BERLIN BEFINDEST?"
„HIER LIEGEN GANZ VIELE LEIHRÄDER RUM!"

„ICH BIN DER HIEBE WEGEN NACH BERLIN GEZOGEN." (KLAUS, SM-FREUND)

BERLIN SUCHT EINEN NEUEN FEIERTAG. ICH SCHLAGE MONTAG VOR, DANN KANN MAN BERUHIGT JEDEN SONNTAG KOMPLETT IM BERGHAIN VERBRINGEN.

WENN BERLIN LEER IST, IST DANN LEER BERLIN?

IN DER HEUTIGEN FOLGE VON ‚BERLIN TAG UND NACHT' FEIERN DIE DARSTELLER ARSCHGEWEIHNACHTEN.

BERLIN-WITZ:
JAN: „ALF, KEIN SCHERZ: DAS IST NE BRÜCKE?"
ALF: „JAN NO WITZ: BRÜCKE."

Zum Schluss einfach noch einen Brüller.

BER IST DAS GRÖSSTE CHAOS ALLER ZEITEN.
BREXIT: HOLD MY BER.

ICH MARZ DU

AHN.
JANE.

DER WOHNUNGSBESICHTIGER-BESICHTIGER.

Keine Wohnung suchen ist das eigentliche Luxusloft des modernen Berliners. Das merkt man spätestens dann, wenn man eine Wohnung sucht. Denn Wohnung suchen ist wie der M41 Bus, irgendwie ist nie einer da, wenn man ihn braucht. Daher sind einige schon dazu übergegangen das Thema wohnen outzusourcen: man lebt im Berghain-Klo, im Co-Working-Space oder im Tragekarton des foodora Fahrers (deliveroo geht auch, bei lieferando wird's aus unerfindlichen Gründen kritisch). Manche wurden sogar schon beobachtet, dass sie Körperhygiene in einem 24 Stunden Späti betreiben. Aber das nur am Rande.

Notorisch hunderte Menschen stehen an normalen Wochenenden in einer riesigen Schlange in Treppenhäusern und lernen die Namen der Klingelschilder an den Haustüren auswendig. Sie rechnen nach, wie viele neue Wohnungen man auf dem Tempelhofer Feld bauen könnte. Einhellige Meinung: viele. Und sie fragen sich, wann aus sozialer Wohnungsbau eigentlich gewinnbringende Investition in den Mietmarkt wurde. Auch ziemlich einhellige Meinung: Sex, Drugs & Blackrock `n Roll. Apropos: kann man sich für 1 Millionen Brutto im Jahr überhaupt noch irgendwas leisten in der Hauptstadt? Ja, eine Meinung. Aber wirklich nur eine. Danach wird's *kritisch oder man braucht circa 34 Jobs und einen 240 Stunden Tag.*

In Babylon Berlin gibt eine Szene, als eine Frau mit einem Smartphone auf Immo-Scout eine Wohnung findet, die so gut zu ihr passt, wie der saureiche Typ auf Elite Partner. Ach nee, dass war Affe Charly. Aber der braucht auch keine Wohnung, sondern der lebt – bei freier Kost und Logis – im Affenhaus im Zoologischen Garten. Diese Premium-Fläche mitten im Herzen der pulsierenden Metropole (der Begriff pulsierende Metropole wird zumeist von den Menschen benutzt, die weder pulsieren noch metropolen) wird also vollkommen ausgenommen vom Mietwahnsinn. Oberturbobaffengeil sagen die Mieter. Low-Performer meint Friedrich Merz, während er aus seinem Privat-Jet schlendert. Der Akademiker mit großem Latinum und kleiner Duldsamkeit sagt dazu: „Die Ideen des Merz."

Früher: der schlanke Staat.
Heute: der Schlange Staat.

(Obwohl: die DDR war früher schon der Schlange Staat)

Jede Besichtigung endet bei einem Makler. Nicht bei einem Vertrag. Neukölln. Boddinstraße.

Premium-Kiez Lage. Von den Vormietern – einer Männer-WG - stehen noch die leeren Bierflaschen in den Blumenkästen. Biertulpen. In der Wohnung befinden sich circa 100 Leute. Trotz 4 Zimmern in absoluter Top-Lage wird es langsam eng. Das Boot ist voll, um mal eine zeitgemäße Analogie hier mal locker flockig anzubringen. Ein Typ mit Spitzbärtchen und 60er Jahre Retro-Hipster-Look meint mitten im Wohnzimmer: „Niemand hat die Absicht eine Mauer aufzubauen.“ Damit hat er natürlich schon mal gepunktet.

*Ich kämpfe mich durch die Mitbewerber*innen durch direkt zu dem Menschen, der aussieht, wie der Makler. Er trägt ein Kostüm wie der Sonnenkönig Ludwig XIV. und in der Hand eine Kladde, auf die er geschäftig blickt. „Wissen Sie was, sage ich zum absolutistischen Herrscher des Immobilienmarkts, „ich nehme die Wohnung, die gefällt mir und liegt auch noch sehr verkehrsgünstig.“ Der Sonnenkönig blickt völlig überrascht, vielleicht zum ersten Mal in seinem Leben, von seiner Kladde auf und blickt mich an. Konsterniert antwortet er nur: „Ob Sie diese Wohnung bekommen oder nicht, dass entscheiden nicht Sie.“*

OK. Ich hab's zumindest versucht.

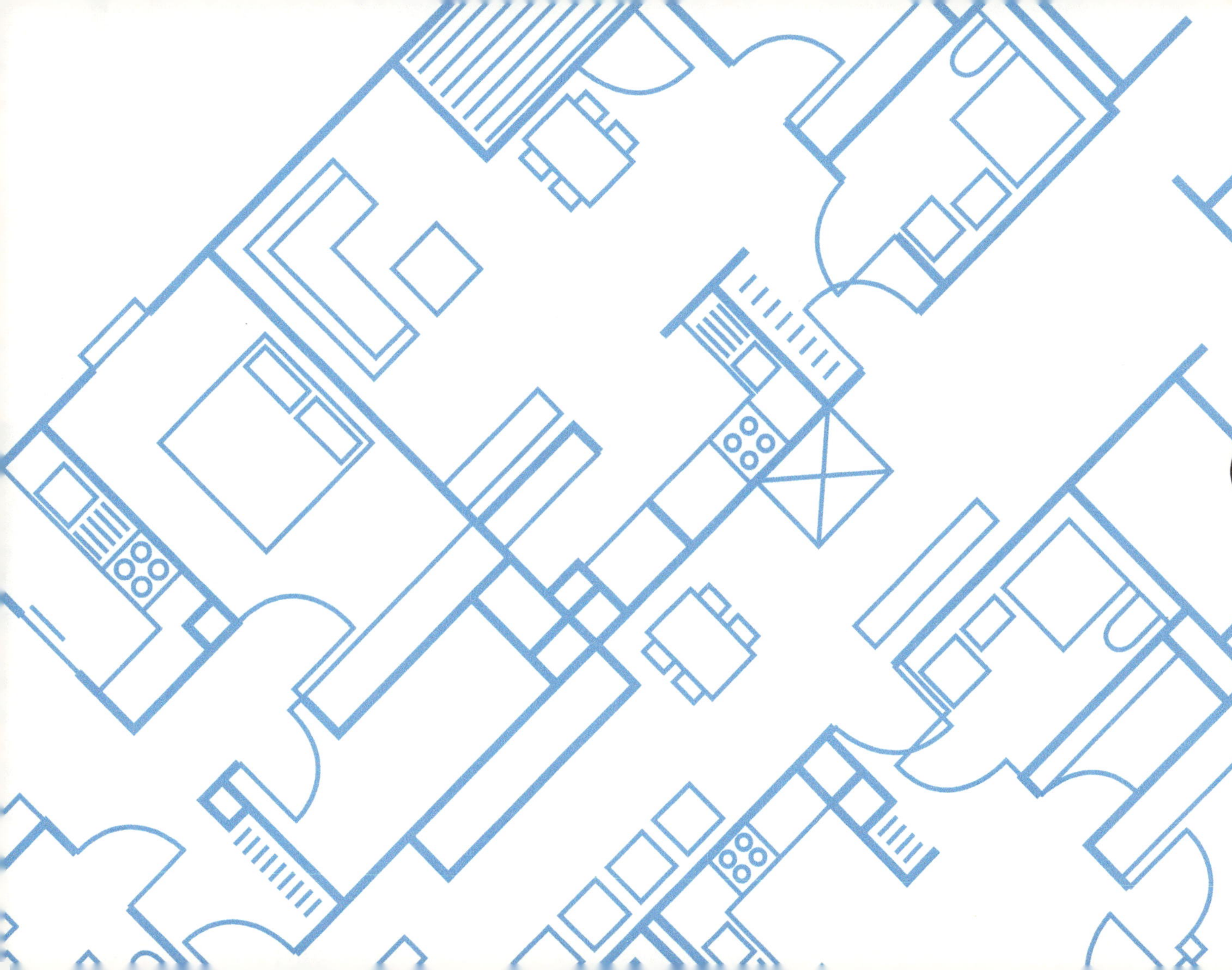

ICH GEH INS TAGRAM

Mein absolutes Timeline of my Life Lebensziel: Ich eröffne einen Club Namens „Tagram". Wenn die jungen Menschen der Nacht (die, die Rezo Videos schauen), sich dann fragen: „Wohin gehen wir denn heute?" Antworten alle: „Ins Tagram." Das Tagram hat eine hochmoderne Lichtanlage, die Sonnenuntergänge an die Wand projizieren kann. Und einen Außenbereich, der an einer Steilküste zum Ausruhen und Selfies fotografieren einlädt. Ich klicke, also bin ich. Die perfekte Kulisse, um noch perfektere Motive für Instagram zu erstellen. Vor der Tür steht die ganze Welt filterinduzierter Authentizität. Aber: Ins Tagram kommt man nur mit abgeklebten Smartphones, mit denen man sich seiner selbst nicht mehr versichern kann. Ich habe nur getanzt, wenn ich fotografiert habe, dass ich getanzt habe. Ansonsten könnte ich es ja nur geträumt haben. Ein Jammertal berghainschen Ausmaßes. Aber damit nicht genug:
Neben meinem Club - dem Tagram - ihr wisst noch: „Wohin gehen wir heute Nacht?" „Ins Tagram!" Möchte ich einen Krämerladen für russische Lebensmittel eröffnen: Wodka, Wodka und vor allem Wodka gibt es dort in allen handels- und handelsunüblichen Variationen. Also alles, was der Russe und seine Putinfreunde mit dem Alu Hut (das Accessoire der Fashion Week Moskau) so brauchen. Das Geschäft möchte ich ‚Rotzbes' nennen. Immer wenn ich morgens den Laden aufschließe, rufe ich den Kunden angeheitert zu: „Rotzbes offen!" Im Grunde korrespondieren ‚Rotzbes' und das ‚Tagram' hervorragend - die Wege für ein Geschäftsimperium wie Amazon, Google oder Facebook stehen mir offen. Ihr dürft meine Freunde sein. Und zwar bevor ich Emotions-Milliardär werde.

Vielleicht kauft irgendwann der Chinese Rotzbes und Tagram. Ich sage nur: Obacht.

PŌL

POD_

*MEIN PODCAST AUF KAMBODSCHANISCH ZUR BUNDESPOLITIK – MIT 0,23 ZUHÖRERN DURCHSCHNITTLICH

GUT AUFGEREGT.

Von Theodor Shitstorm.

Gestern Weidel
Heute Merz
Zumindest der letzte
Reimt sich auf Terz

Kein Scherz:
Der Reichelt
Der trifft einen Nerv
Mit Verve

Deutsche Gedichte
Germanische Reime
Gauland und Co.
In Altersheime

Ob Vögel nisten
Oder Feministen
Wir landen alle
In dunklen Kisten

Sechs Fuß Erde
Über mir
Alle anderen
Unter mir

So.
Jetzt ist Schluss
Auf Twitter
Gibt's Stuss

„WAS HAST DU DAMALS GETAN?“
„ICH BIN AUFGESTANDEN.“
„GEGEN TRUMP?“
„NEE, GEGEN 7.“

„SATIRE DARF ALLES, AUSSER“ IST DAS „ICH HABE NICHTS GEGEN AUSLÄNDER, ABER“ DES BILDUNGSBÜRGERTUMS.“

„SIE WIRKEN SO GEHETZT.“
„ICH BIN BEI DER AfD.“

„DER AMOKLÄUFER VON MÜNCHEN WAR AfD-FAN.“
„HETZE NICH JEDACHT!“

+++ EIL +++ BREAKING BAD: CHEMIKER ZERSTÖRT VERSEHENTLICH WANNE BEIM METH-KOCHEN +++ EIL +++

BEGRIFFSERKLÄRUNG FÜR AfD UND FDP:

AUTOKRATIE: HERRSCHAFT DER AUTOKONZERNE (KEIN TEMPOLIMIT)
DEMOKRATIE: HERRSCHAFT DES VOLKES (TEMPOLIMIT)

KIRK DOUGLAS WIRD HEUTE 102 JAHRE ALT - NUR DAS WELTBILD DER AfD IST NOCH ÄLTER.

HABE EBEN ALICE WEIDEL IM ZUG GESEHEN: SIE SASS IM BOT-RESTAURANT.

KLIMALEUGNER:
„ICH GEH HEUTE ZU FUSS ZUM SUV - FÜR DEN KLIMASCHUTZ!“

+++ EIL +++ MACHT SEIN HOBBIT ZUM BERUF:
PETER JACKSON +++ EIL +++

„ICH HÄTTE GERNE EIN BIER."
„MACHT 3 EURO."
„ZAHLT MEXIKO."

APRILSCHERZ FÜR DEUTSCHLAND: AfD.

BRAUNAU IST WIEDER INN. #BPW16
(LEIDER NICHT NUR IN ÖSTERREICH ZUR BUNDESPRÄSIDENTENWAHL)

FRÜHER DURFTE ES RECHTS DER CSU KEINE PARTEI GEBEN.
HEUTE GIBT ES DIE CDU SACHSEN.

NAZI-VERGLEICH:
HITLER (1,72M), GÖBBELS (1,65M)

GEGEN DONALD TRUMP WÜRDE JA LANGSAM SOGAR SIGMAR GABRIEL GEWINNEN.
(Nach der Pussy Grab Geschichte dachte ich wirklich etwas vollkommen Unmögliches – Sigmar Gabriel würde einmal eine Wahl gewinnen. Lag natürlich falsch!)

MIR WÜRDE ES IM LEPEN NICHT EINFALLEN, FRONT NATIONAL ZU WÄHLEN.

DIE AfD STELLT DIE UHREN IMMER GLEICH 75 JAHRE ZURÜCK!!
(Zum Glück werden hoffentlich bald die Uhren nicht mehr zurückgestellt).

+++ EIL +++ BRÜHAUFSTEHER: MANN MACHT NACH ERWACHEN ERSTMAL KAFFEE +++ EIL +++

ENDLICH MAL JEMAND, DER VERSTEHT, WIE GEIL DIESER TWEET IST.

Charlize Horton @AlenaHsrawx 3h

What's up sweetie! Wanna see my naked boobs? Find a link on my page :*
twitter.com/compleckzz/sta...

> **alf frommer** @siegstyle
>
> Die Entscheidung von Merkel die Flüchtlinge ins Land zu lassen war, ist und bleibt menschlich-politisch richtig. Trotz allem. #Ansbach

„ICH DENKE, DIE AfD HAT DEN ÖFFENTLICH-RECHTLICHEN RUNDFUNK AUF DEM KIKA." (ALF FROMMER, MEDIENEXPERTE)

DER #TATORT IST UNVERSTÄNDLICHER, ALS DIE WAHL VON TRUMP.

SATIRE DARF ALLES – NUR NICHT STERBEN #CHARLIEHEBDO

SPD 2017:
SCHULZ: KANZLERKANDIDAT
GABRIEL: VIZE-KANZLERKANDIDAT
MAAS: 11,20€ AUF DEM OKTOBERFEST

DER ARBEITET JA IN EINEM ATOMKRAFTWERK UND IST ANSONSTEN AUCH NICHT SO HELLE: ALSO TYPISCHER CSU-WÄHLER

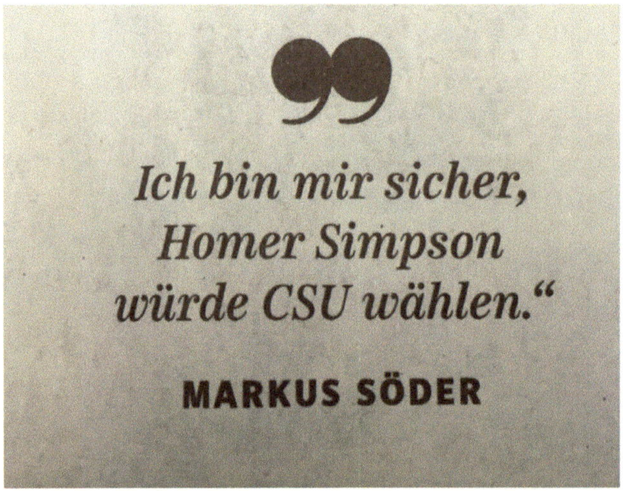

„Ich bin mir sicher, Homer Simpson würde CSU wählen.“

MARKUS SÖDER

DEFINIERE AfD:

In der Gesellschaft hält sich die Neigung, die Gleichstellung von Minderheiten als Schlechterstellung der Mehrheit zu interpretieren

EINE 6% PARTEI ENTSCHEIDET IN DEUTSCHLAND DARÜBER, WIE DAS THEMA MIGRATION, FLÜCHTLINGE UND EINWANDERUNG GEHANDHABT WIRD – ODER WIE DIE AfD SAGEN WÜRDE: DAS VOLK. #GROKO

(Hier ging es übrigens um die CSU – nur um es sicherheitshalber noch mal zu sagen)

SKIN MIT FURUNKEL: RECHTSEKSZEMER #CHEMNITZ

ICH NENNE MEINE DEATHMETAL BAND „HARD BREXIT".

DRESDEN: AfD, PEGIDA, POLIZEI - DIE SACHSE DES BÖSEN.

BEI #WETTENDASS WETTET DIE POLIZEI SACHSEN GERADE, DASS SIE 100 RECHTSEXTREME AN IHREN „HEIL" RUFEN ERKENNEN KANN.

✓ GESETZESBRECHER
✓ KEIN RESPEKT VOR DER POLIZEI
✓ NICHT INTEGRATIONSFÄHIG
✓ SCHLECHTES DEUTSCH
✓ LEBEN VON UNSEREN STEUERGELDERN

ALSO NAZIS, NICHT DIE FLÜCHTENDEN.

+++ EIL +++ GENDARM: ÄRZTE VERPFLANZEN FRANZÖSISCHEN POLIZISTEN KÜNSTLICHES VERDAUUNGSORGAN +++ EIL +++

DIE FRAGE IST HALT: WANN WIRD ENDLICH DIE SÄCHSISCHE POLIZEI VOM VERFASSUNGSSCHUTZ ÜBERWACHT? #BAUTZEN

WÄREN ATTENTÄTER BEI SCIENTOLOGY, KÖNNTE MAN AUCH MAL VON PSYCHISCH VERWIRRTEN EINZEL-THETAN SPRECHEN.

DIE AfD HAT NUR ÄNGSTE FREUNDE. #BREITSCHREIDPLATZ

THE DAY AfDER. #AfD

ICH HÄTTE GERNE DIE TEFLON-NUMMER VON SEEHOFER.

AfD: DUNKEL-DEUTSCHLAND
GRÜNE: DINKEL-DEUTSCHLAND

NAZI-MATHEMATIK:
EINZELFALL + EINZELFALL + EINZELFALL + EINZELFALL + EINZELFALL + EINZELFALL + EINZELFALL + EINZELFALL + EINZELFALL + EINZELFALL + EINZELFALL + EINZELFALL + EINZELFALL + EINZELFALL + EINZELFALL + EINZELFALL + EINZELFAL = EINZELFALL

SCHANDMAHL FÜR DEUTSCHLAND.

„Die 5 Minuten Terrine ist ein Schandmahl für Deutschland!" Der eher an 1000-jährige Zeitabläufe gewöhnte Björn Höcke war bei seiner Rede vor Parteivertretern der AfD richtig in Rage. Mitten in Berlin, direkt neben der Kantine des Bundestages – Pardon: Reichstages – wollte der Lebensmittelkonzern Maggi ein Denkmal aus hunderten von überlebensgroßen 5 Minuten Terrinen aufbauen lassen. „Das Maggi net", brüllt Höcke seinen Anhängern entgegen, während der rheinische Sauerbraten ihnen noch saurer aufstieß. Plastikessen internationaler Großfirmen voller natürlicher Aromen aus Holzpilzen, das nicht nach dem Geschmack der AfD war. Klarer Fall: das deutsche Essen war in Gefahr. Das war früher bei ihm zuhause anders, wenn er mal keine Lust auf Kartoffeln hatte, dann sagte sein Vater zu ihm: „Ess-Ess mein Junge" und dann schmeckte es ihm himmlerisch.

Höcke lag dieses Schandmahl jedoch nun sehr schwer im Magen und er fand dies hart wie Kruppstuhl. Das musste er erst mal in Ruhe verdauen. Er war zwar kein Vegetarier wie der Führer, aber gute traditionelle Küche, wie Thüringer Klöße, Thüringer Rostbratwurst oder Thüringer Rotkohl war ihm wichtig. Immer, wenn er auf deutschen Reichs- äh Bundesautobahnen unterwegs war, war er erschüttert, wie schlecht die gastronomische Versorgung mit deutschem Essen an der deutschesten aller deutschen Fernstraßen war. Selbst Beatrix von Storch musste da so einige Frösche (sick!) schlucken, wenn sie die Geschwindigkeit drosselte und ganz scharf rechts raus auf die Autobahnraststätte fuhr.

Es gab dort italienische Pizza, US-amerikanische Burger oder türkische Döner zuhauf, aber die gute deutsche Wurst wurde mehr und mehr zur Minderheit. Ob mit oder ohne Darm (bei der AfD selbstverständlich mehr Herrn, als Darm), die Wurst stand an der Heißtheke ziemlich nackt da. Das deutsche Krokettensägenmassaker. Von der A1 bis zur A9, von der Etsch bis an die Memel. Spätestens als auch noch die Schweizer Schokoladenmarke Toblerone Halal produziert wurde, hatte der Islam Tank und Rast komplett übernommen. Irgendwann würden die auch noch den Ramadan einführen und man dürfte nur noch bei Dunkelheit etwas essen. Dabei sind wir doch Teil der christlich-abendländischen Esskultur. Hier wird Schwein gegessen (ein bisschen Angst hatte Höcke schon, dass ihm deswegen irgendwann mal Alexander Gauland aufgetischt wird).

„Wir dürfen die Ernährungsgeschichte unseres Landes nicht auf wenige Minuten reduzieren – das ist doch ein Vogelschiss direkt in die 5 Minuten Terrine und megaeklig." Höcke ist jetzt richtig in Fahrt (kein Tempolimit auf Autobahnen natürlich) und zitiert sogar seinen Parteifreund

Gauland. Den frühstückt er sonst gerne schnell ab, aber heute geht es um die deutsche Mahlzeit. Da musste er sich mal Zeit nehmen. Auch für Gauland. Für Höcke musste eine Obergrenze für ausländische Kellner her, denn die würden bevorzugt internationale Küche wie Cevapcici empfehlen, statt Linda, Annabelle oder Gala. Gerade Kartoffeln lagen Höcke besonders am Herzen. Nächstes Halloween wollte er sich als Erdapfel verkleiden und damit die Grünen erschrecken. Was Schlimmeres hätten die bestimmt noch nie gesehen. Außer vielleicht Claudia Roth.

Schließlich fragte er sich, wer Parteiprogramme lesen würde (niemand) und wer das Kleingedruckte mit den Inhaltsstoffen auf Produkten der Lebensmittelindustrie (auch niemand). Höcke brüllte also: „5 Minuten Terrine Broccoli Nudeltopf: 50% Nudeln (Hartweizengrieß, Eier), Trockenmilcherzeugnis, Stärke, Broccoli (4,9%), pflanzliches Öl (gehärtet), pflanzliches Öl, Jodsalz, Milcheiweißerzeugnis, Blumenkohlpulver, Milchzucker, Gewürzextrakte (mit Sellerie), Aroma, Geschmacksverstärker (Mononatriumglutamat, Dinatriumguanylat, Dinatriuminosinat), Knoblauchpulver, Petersilie, Säuerungsmittel Citronensäure, Emulgator Sojalecithine.)

WOLLT IHR DAS TOTALE SCHANDMAHL, TOTALER UND RADIKALER, ALS IHR ES EUCH ÜBERHAUPT JEMALS VORSTELLEN KONNTET???

Plötzlich tippt Alice Weidel auf die Schulter von Höcke und meint: „Ich dachte, wir sind dagegen?" „NEIN WIR SIND HARAM!" Höcke hatte es endgültig satt. Das Boot und der Magen waren voll. Für 5 Minuten, die sich wie 1000 Jahre anfühlten. Und irgendwie war das genau die Form von Glück, die er immer gesucht hatte. Wenn das der Führer gewusst hätte.

US-FORSCHER BELEGEN: BRÖTCHEN

A CLA
ITS O

AS OF

VN –

Zum Varoufakis
Gastbeitrag von Claas R.

Als siegstyle unbändige Lust auf griechischen Wein packte, steuerte er eine mittelprächtige Taverne Namens „Zum Varoufakis" an und betrat einen Gastraum, wie er hellenischer nicht hätte sein können: leer und kurz vor der Pleite. Und gerade als er inmitten der Lokalität voller Durst stand, schepperte aus einer altertümlichen doch makellosen Jukebox aus der guten alten Schlager-Ära „Griechischer Wein" von Smudo Jürgens in einer Rap-Version. DEM Smudo Jürgens.

Griechischer Wein
Du schmeckst so fein
Gib mir ein Glas
So wie einst Claas

Hört sich komplett ausgedacht an, war aber wirklich so. Er bestellte dann zwar keinen griechischen

Wein, sondern lieber einen Metaxa. Was der Kellner mit dem Scherz: „Me tax? No!“ quittierte. Humor hat der Grieche. Doch ansonsten hat sich alles so zu getragen, wie oben beschrieben. Vielleicht davon abgesehen, dass es gar nicht siegstyle war, der den Gastraum betrat und die Taverne hieß auch nicht „Zum Varoufakis“, auch war der Laden prall gefüllt und der Geruch von Billig-Ouzo lag eskapistisch in der Luft. Es gab auch keine Juke-Box und es wurde auch nicht „Griechischer Wein“ von Smudo Jürgens in der Rap-Version gespielt. Sonst war aber alles wahr. So wahr mir Gott helfe beim Schreiben.

Es setzte sich also jemand der nicht siegstyle war, bestellte einen Metaxa sowie eine Cola und schüttete die Cola in das viel zu kleine Metaxa-Gläschen. Eine Riesen-Sauerei entstand auf dem Tisch. Dies empfand auch die versammelte Medien-Branche so. Ein Aufschrei ging durch die Taverne und erfüllte das Vakuum der Gasstätte vom Eingangsschild im vordersten Bereich bis hinten in die letzte Ecke der Küche, wo griechische Jägerschnitzel weichgeklopft wurden, wie die Mitarbeiter der SPIEGEL Dokumentation.

Der nun gänzlich unbekannte Gast scherte sich nicht groß um die mecklenburgische Seenplatte, die River Cola und billiger Weinbrand vor ihm gebildet hatte. „Wo kann ich hier Adjektive kaufen?“, fragte er den Kellner, der schnell herbeigeeilt war, um das Malheur zu beseitigen. „Adjektive haben wir gerade nicht auf der Karte, aber wohlschmeckende Moussaka", so der agile Bedienstete der Taverne, die nicht „Zum Varoufakis" hieß. Auf was konnte man sich in diesem Land noch verlassen, außer die Bahn, dachte der Mann, der nicht siegstyle war und plötzlich glaubte, es als Drehbuchschreiber versuchen zu können: „Das deutsche Kettensägenmoussaka" schien ein vielversprechender Titel mit nur einem Adjektiv zu sein. Das müsste es doch verdammt noch eins geben. Ein gottverdammtes Adjektiv. Irgendwo. Irgendwie. Irgendwahn.

Plötzlich lief aus der Jukebox, die eigentlich eine Spotify-Playlist war mit dem Namen „Slavoj Zizek ist geiler als Yannis Varoufakis", „Irgendwie. Irgendwo. Irgendwann" in der Reggae-Version von Jan Delay. Wahrscheinlich werden das jetzt nicht mehr viele glauben, aber es war wirklich so. Wirklich. Echt. Wahr. Wahrheit. Wahrheit oder Pflicht oder beides. Der Gast, der nicht mehr siegstyle war, sondern unbekannt, wollte plötzlich mit einer leeren Flasche Metaxa Flaschen drehen Spielen. Mit wem auch immer, Hauptsache „The Bootle" von Gil-Scott Heron würde im Hintergrund laufen. Oder im Vordergrund.

Denn: Am es wäre es so gewesen, soll die Welt genesen. Ein Königreich für ein Adjektiv.

+++ EIL +++ WEGEN GUTER FÜHRUNG ENTLASSEN: TOURISTEN-GUIDE ZIEHT VOR ARBEITSGERICHT +++ EIL +++

„ICH BIN JOURNALIST NEUEN TYPS."
„DU SCHREIBST ALS MODE-BLOGGER FÜR 0 EURO BEI DER HUFFINGTON POST."
„JOURNALIST NEUEN TYPS."

SPIEGEL HIN ODER HER. DIE INSTYLE BLEIBT FÜR MICH DAS „STURMGESCHÜTZ DER DUMMOKRATIE."

+++ EIL +++ PALIN, PALIN: ICH HÄTTE GERNE EINE FLASCHE ALS US-PRÄSIDENTEN +++ EIL +++

+++ EIL +++ GLOBULISIERUNG: HOMÖOPATHIE SETZT WELTWEITEN SIEGESZUG FORT +++ EIL +++

+++ EIL +++ FLEXITARIER: MANN ERNÄHRT SICH AUSSCHLIESSLICH VON WINKEL-SCHLEIFERN +++ EIL +++

CLAAS RELOTIUS:

- ✓ ERFINDET GESCHICHTEN
- ✓ VERDREHT TATSACHEN
- ✓ DICHTET DINGE DAZU
- ✓ VERZERRT PERSPEKTIVEN
- ✓ GEWINNT REPORTER-PREIS

JULIAN REICHELT:

- ✓ ERFINDET GESCHICHTEN
- ✓ VERDREHT TATSACHEN
- ✓ DICHTET DINGE DAZU
- ✓ VERZERRT PERSPEKTIVEN
- ⦸ GEWINNT REPORTER-PREIS

EINMAL POMMES BEZAHLSCHRANKE, BITTE.

Ich bin ein nur ein kleiner unbedeutender Blindtext und wollte eigentlich eine schöngeschriebene Edelfeder-Reporterpreis-Reportage im SPIEGEL werden. Leider hat es nur zu einer schlecht abgeschriebenen BILDplus Meldung über einen Doku-Trash-Star auf Focus Online gereicht. Auf einer GALA von Null bis ADAC Motorwelt: ob ich mich nun nach einer Apotheken umschau?

+++ EIL +++ AUF ZUM LETZTEN GEFLECHT:
KORBMACHER GEHT IN RENTE
+++ EIL +++

–

BILDE

RBUCH

*LIEBER TEXT: INSTAGRÄME DICH NICHT.

DEUTSCHLAND 2017

Deutschlands lustigster Tweet 2017. Jedenfalls laut der Listenweltmeister von Buzzfeed.

TOTAL AM DURCHDREHEN.

Ein Land am Rande des Neffenzusammenbruchs. Sagte zumindest mein Onkel mütterlicherseits, als er mir in einem Touristen-Shop an der Friedrichstraße einen Fidget Spinner mit Bayern München Logo in der Mitte kaufte und mir in die Hand drückte. Ich hielt das Spielzeug in der Hand und ließ es drehen. Reine Physik. Gesetze. Fakten. Die Erde ist rund. Oder? An was kann man sich eigentlich noch halten, außer an einen Spinner? Der funktioniert nach reiner Wissenschaft, während der Mensch, der ihn drehen lässt nach eigenen Gesetzen existiert. Nichts ist mehr wahr. Nichts mehr sicher. Jeder hat seine eigene Wahrheit. Schafft sich seine eigene Gewissheit. Nur der Spinner, der ist genau das nicht: ein Spinner. Mit Bayern München Logo in der Mitte. Genau in der Mitte?

DEFINIERE: KREUZBERG

+++ EIL +++ WEGEN GUTER FÜHRUNG ENTLASSEN: TOURISTEN-GUIDE ZIEHT VOR ARBEITSGERICHT +++ EIL +++

DEFINIERE: PRENZLAUER BERG

OBEN POLITIK, UNTEN OBDACHLOSE.

WAHNSINN: DA IST JEMAND AUF DIE IDEE GEKOMMEN, NETFLIX ALS LADEN AUFZUMACHEN.

+++ EIL +++ HORROR-WOHNUNG:
2 ZIMMER, KÜCHE, BARTH
+++ EIL +++

IN WELCHES LAGERFELD DIESE AUSSAGE?

ICH NENNE ES: ENDE DES INFORMATIONSZEITALTERS.

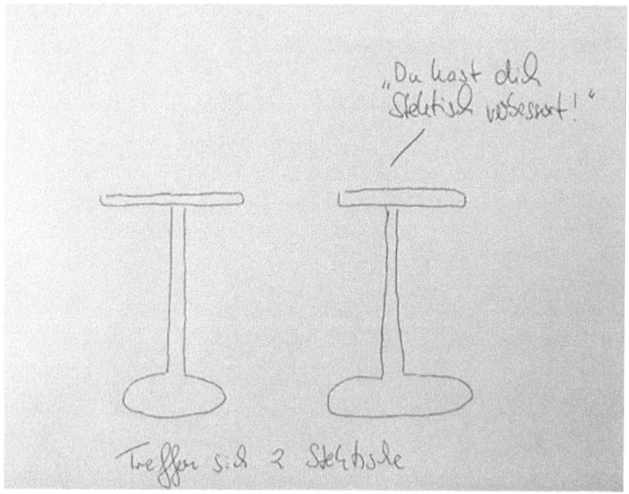
„Du hast dich Stehtisch verbessert!"
Treffen sich 2 Stehtische

„Du bist echt komisch“

SAGEN GERADE DIE LEUTE, DIE FRÜHER MIT AKTENKOFFER IN DER OBERSTUFE RUMLIEFEN...

SCHEINBAR WIRD ES DIE #PIRATEN DOCH NOCH EIN PAAR 1000 JAHRE GEBEN…

BESCHISSENES TINDER-DATE.

In dem Hafen
In dem wir uns trafen
Wollte ich eigentlich
Mit dir schlafen.

Doch schon am Pier
Gestandst du mir
Mit jedem anderem
Nur nicht mit dir.

+++ EIL +++ KRANKER MANN AM BOSPORUS: OSMANISCH DEPRESSIV +++ EIL +++

+++ EIL +++ HANDGRANATE IM BETT: MANN HAT DEN BESTEN SEX SEINES LEBENS MIT SICH SELBST +++ EIL +++

– EIN K
BUN

ASSEL

TES _

KAPITALIST FÜR KOMMUNIST: KLASSENFEIND.
KOMMUNIST FÜR KAPITALIST: KASSENFEIND.

„ICH HAB MAL BEI PHOTO PORST GEARBEITET."
„UND?"
„PORSTTRAUMATISCHE BELASTUNGSSTÖRUNG."

WENN ICH JEMALS EIN SCHAL-GESCHÄFT ERÖFFNET HÄTTE, HÄTTE ICH ES „SCHALS AZNAVOUR" GENANNT.

TREFFEN SICH 2 FOTOGRAFEN:
„CANON WIR UNS?"

„SIE WOLLEN NACH PERSIEN?" „JA." „ICH FARSI!"

„ICH MÖCHTE SELBSTBESTUMMT LEBEN“, SAGTE DER EREMIT
UND SCHWIEG FÜR IMMER.

„NORDAMERIKANISCHER STAATSFÜHRER, VORNE MIT TRU.“
„TRUDEAU.“
„BISTEN GANZ ORIGINELLER, WA?“

DIE FRAU, DIE MIR KOPFHÖRER EMPFAHL – ICH HATTE MICH IN-EAR GEIRRT.

HAMBACHER FORST, BEDENKEN SECOND.

AUS DEM TAGEBUCH EINES STALKERS:
IRGENDWO. IRGENDWIE. IRGENDWAHN.

ICH VAPIANO SPIELER, BIS ICH EIN MIESES ITALIENISCHES RESTAURANT ERÖFFNETE.

EGAL WIE BÖLLER DU BIST, HENRICH IST BÖLL.

VERGESST KI, INTERNET OF THINGS ODER 5G: DIE WICHTIGSTE ERFINDUNG DER DIGITALISIERUNG IST DER „RÜCKBLICK ÜBERSPRINGEN" BUTTON BEI NETFLIX.

ICH HABE ALS LYRIKER TOTAL VERSAGT, SELBST MEINE KÜCHENZEILE IST GRÄSSLICH.

HABE MIR ‚WAND-TATTOO' STECHEN LASSEN.

VOR SILVESTER: HÄNDE WEG VOM POLEN-BÖLLER!
NACH SILVESTER: HÄNDE WEG VOM POLEN-BÖLLER!

ICH HABE MITLIKE MIT IHNEN.

MAN DARF JA NICHT MAL MEHR DENKEN, WAS MAN SAGT!

DER ABEND MIT DER BEKANNTEN SCHRIFTSTELLERIN WAR ZEH.

„ICH BIN HUMANIST.“
„UND WAS HEISST DAS?“
„DAS ICH ALLE MIT WÜRDE BEHANDEL DU DEPP!“

WAS DARTH VADER, WAS ANDERE NICHT DÜRFEN?

– PRO SCH

AI

EIDER

–

MARIO BARTH STEHT MITTWOCHS IN DRESDEN UND FRAGT SICH, WO DIE MONTAGSDEMO IST.

SCHNELLER UND AUS GRÖSSERER HÖHE IST NUR #GUTTENBERG GEFALLEN. #STRATOS

(Zum Sprung vom Stratossphären-Nazi Felix Baumgartner)

WÜRDE IST BEI UNSEREM BUNDESPRÄSIDENTEN ZUNÄCHST MAL EIN KONJUNKTIV. #WULFF

HERZ AUS STEINBACH.

WÜRDE SEEHOFER IN DIE VERTEIDIGUNG STELLEN: DER WEIST ALLE AN DER STRAFRAUMGRENZE AB. #GERSWE

+++ EIL +++ MARKUS LANZ WEGEN SCHWATZ-ARBEIT FESTGENOMMEN +++ EIL +++

+++ EIL +++ #RÖSLER VERLÄSST #FDP UND WIRD CEO VON JOEY'S PIZZA +++ „AB JETZT WIRD GELIEFERT!" +++ EIL +++

+++ EIL +++ AU, TOR: SCHRIFTSTELLER VERLETZTE SICH BEIM FUSSBALL SPIELEN +++ EIL +++

+++ EIL +++ IS LAHM KRITISCH: TEILNEHMER EINER MONTAGSDEMO HAT WAS GEGEN DEN KAPITÄN DER NATIONALELF +++ EIL +++

BEKIFFT SCHRIEB HITLER „MEIN HANF."

LETZTENS BEIM PIZZA-SERVICE: „EINE MARGHARITA NACH KREUZBERG."
„JAN-JOSEF LIEFERS."

„WEN FINDEN SIE SYMPATHISCHER A) FRAUKE PETRY ODER..." „B!!"

HAT DEN PO KAHL: KLOPP RASIERT SICH DEN HINTERN. #DFBPOKALFINALE

DER #PAPST IST PROTOTYP FÜR ALLE #TWITTER-USER: SINGLE, KEIN SEX UND HAT IMMER RECHT.

#ZDFERNEUERN: THOMAS GOTTSCHALK BEKOMMT NEUE SHOW
#BILDERNEUERN: KAI DIEKMANN WIRD NEUER CHEFREDAKTEUR
#HSVERNEUERN: FELIX MAGATH WIRD NEUER TRAINER
#SPDERNEUERN: HUBERTUS HEIL WIRD MINISTER

ICH SCHÄTZE MAL, DASS PUTIN HEUTE DAS OLYMPISCHE FEUER DURCH REIBUNG SEINES NACKTEN OBERKÖRPERS AN 2 SCHNEELEOPARDEN ENTFACHEN WIRD. #SOTCHI

„ICH SCHLAGE MARGOT ALS BUNDESPRÄSIDENTIN VOR."
„RED KEIN KÄSS, MANN!"

+++ EIL +++ NEUE ESKALATIONSSTUFE: KIM JONG UNS REDEN WERDEN JETZT AUCH PER DROHGEBÄRDENDOLMETSCHER ÜBERSETZT +++ EIL +++

DARF ICH VORSTELLEN:
„RAY COKES, LADY BITCH.“
„LADY BITCH, RAY COKES.“

GEGEN HELENE HEGEMANN KEINE BÖSEN GEDANKEN, SO DER ULLSTEIN VERLAG.

NAZI-VERGLEICHE HINKEN WIE GOEBBELS.

+++ EIL +++ GRANUFINK: VOGEL DES JAHRES MUSS NACHTS ÖFTER AUF TOILETTE +++ EIL +++

BEIM ARTE DES PROPHETEN.

Ich habe mich vom linearen TV verabschiedet. Und zwar an dem Tag, als ich mir einen kreisrunden Plasma-Fernseher gekauft habe. Seitdem schaue ich rundes TV und fühle mich dabei viel besser, wie ich zwischen RTL2 und Arte mäandere. Den Rundfunkbeitrag von 17,50 Euro habe ich mir als Arschgeweih stechen lassen: „17 Euro Fünfzich for Eva". Tat weh und tut weh – alle drei Monate. Ach ja: mit Eva – Moderatorin und Schmuckdesignerin - bin ich nicht mehr zusammen. Dabei hatte ich als Schmock-Designer so gut zu ihr gepasst. Manchmal hasse ich mich dafür, dass ich nicht noch mehr hassen kann. Denn Hass ist systemrelevant, während Liebe einmal im Jahr bei ein „Herz für Kinder" der großen Spendengala vom ZDF und der BILD ihren Platz findet. Reicht um 18 Millionen Euro einzusammeln. Dafür könnte ich gut 1 Millionen Jahre Netflix schauen.

Manchmal träume ich von einer Welt, wie in den Vorabend-Serien. Also alles, was in der schwierigen Zeit zwischen 18 und 20 Uhr so alles passiert. Genau so sollte meine Welt sein: vermenschelte Affen, Großstadtreviere, Hafenkanten, Küstenwachen, Kliniken – aber alles gut eingeteilt in schwarz und weiß. Natürlich mit Happy End. Mein ganzes Leben eine Kreuzfahrt ins Glück, ein Herzkino so flach wie ein Bildschirm. Dazwischen ein harmloses Rätsel oder ein kleines Quiz. Und wenn ich mal schlecht drauf bin, erklärt mir WELT die Welt anhand eines Flugzeugträgers, den Hitler nie gebaut hat. Wer will schon abheben, außer die Geheimwaffen des Führers, die so geheim waren, dass sie niemand kannte. Außer Wernher von Braun. Wer will da am Vorabend etwas vorhaben? Zumindest in der sehr, sehr schwierigen Zeit zwischen 19:33 und 19:45 Uhr. Leider ist die Welt keine Vorabend-Serie. Aber dann hätte der Tag auch nur 2 Stunden und ich wäre jetzt schon mehrere hundert Jahre alt. Also ungefähr so rückständig, wie die Welt in manchen unendlichen Mehrteilern.

RTL2 hat mich radikalisiert. Kabel Eins retroisiert. SPIEGEL TV relotiusiert.

Den Glauben an das Gute in den Medien habe ich dem Moment verloren, als ich kapierte, dass bei „Richterin Barbara Salesch" gar keine echten Fälle verhandelt wurden. Alles war Fake. Wirklich, einen Moment dachte ich, dass wäre wirklich. Aber es war nur gespielt. Ein Ohnesorg-Theater als Kriminalkammerspiel. Eine Komödie am Kurfürstendamm nur nicht am Kudamm, sondern in einem langweiligen TV-Studio in einem Ex-Industriegebiet in Köln. Der gesichtslosesten Großstadt Deutschlands. Wenn die den Dom nicht hätten, wären sie nur „The Dome". Eine Kulisse aus gemachten Menschen mit Sing-Sang-Mundart sowie Tralala-Popsternchen und Influencern.

Apropos Influencer: Die Steigerung von Hass ist egal.
Träume immer von Sudoku-Soaps. Strunzblöde Schauspieler-Karikaturen müssen ein japanisches Zahlenrätsel lösen. Bei Frauentausch sähe das so aus: eine Frau schmiert das ganze Blatt voll schlampig voll, während die andere jede Zahl fein-säuberlich einträgt. Wäre der Hit. Aber keiner hört auf mich. Doku-Soaps dagegen laufen sehr gut. Wisst ihr eigentlich, bei wem Claas R. in die Lehre gegangen ist? Bei Doku-Soaps – also den Besten der Besten, was gescriptete Realität angeht. Wenn da ein Haus renoviert wird, läuft „Our House", wenn da ein Auto gewaschen wird spielen sie „Car Wash", und wenn da eine Frau Marmelade einkocht, dröhnt „Lady Marmelade" aus den Surround-Boxen des Heimkinos. Extra keine Pointe.

Und von Doku-Soaps in die Wirklichkeit, war es dann nur noch ein kleiner Schritt für die Menschheit und ein großer für die Unmenschlichkeit.

+++ EIL +++ FREIGESPROCHEN: #HOENESS BRAUCHT BEI SCHLUSSWORT KEINEN SPICKZETTEL +++ EIL +++

WAS „KLARTEXT" HEISST:

- ✓ RASSISTISCHE AUSFÄLLE
- ✓ ISLAM-HASS
- ✓ AfD SPRECH
- ✓ TOTAL SUBJEKTIVE VERKÜRZUNGEN
- ✓ ARGUMENTIEREN MIT HALB-WAHREN FAKTEN
- ⃠ KLARTEXT

HABE MICH BEI DHL BEWORBEN:

- ✓ 60 STUNDEN WOCHE
- ✓ UNBEZAHLTE ÜBERSTUNDEN
- ✓ 8,84€ PRO STUNDE EINSTIEGSLOHN
- ✓ KEINE MITTAGSPAUSE
- ✓ KEIN BETRIEBSRAT
- ✓ SUB-DIENSTLEISTER
- ✓ KEINE WORK-LIFE BALANCE
- ✓ BRAUCHE ZUM LEBEN ZWEITJOB

WÜRDE SAGEN: GESAMTPAKET STIMMT!

DOGS OF BERLIN:

✓ WIRRE STORY

✓ STARK BEHAARTER HAUPTDARSTELLER

✓ AFFIGE DIALOGE

✓ MUSS MAN FÜR BEZAHLEN

⃠ HEILE WELT

AFFE CHARLY:

✓ WIRRE STORY

✓ STARK BEHAARTER HAUPTDARSTELLER

✓ AFFIGE DIALOGE

✓ MUSS MAN FÜR BEZAHLEN

✓ HEILE WELT

AFFE CHARLY > DOGS OF BERLIN

KLIMAWANDEL:
- ✓ MENSCHENGEMACHT
- ✓ ERREICHT ALLE MENSCHEN
- ✓ VERBREITET SCHLECHTE NACHRICHTEN
- ✓ GIBT VIELE SKEPTIKER
- ✓ BEDROHT EISBERG

FACEBOOK:
- ✓ MENSCHENGEMACHT
- ✓ ERREICHT ALLE MENSCHEN
- ✓ VERBREITET SCHLECHTE NACHRICHTEN
- ✓ GIBT VIELE SKEPTIKER
- ⃠ BEDROHT ZUCKERBERG

DEUTSCHE BAHN:

⊘ UNPÜNKTLICH

⊘ TEUER

⊘ FLIEGEN NICHT NACH MALLE

✓ ZAHLEN TARIFLOHN

RYANAIR:

✓ PÜNKTLICH

✓ BILLIG

✓ FLIEGEN NACH MALLE

⊘ BEUTEN MITARBEITER AUS

BERLIN:

- ⃠ SCHMUTZIG
- ⃠ ARABISCHE CLANS
- ⃠ WILDER MÜLL
- ⃠ BER
- ⃠ BAHN IMMER ZU SPÄT
- ⃠ KEINE KITA-PLÄTZE
- ⃠ VERWALTUNGSCHAOS
- ⃠ POLITIK HILFLOS
- ⃠ OVERTOURISM
- ⃠ MIETHÖLLE
- ✓ IMMER NOCH BESSER ALS TÜBINGEN

TRUMPS ERFOLGE:

⊘ OBAMACARE ABGESCHAFFT

⊘ MEXIKO BEZAHLT MAUER

⊘ EINREISE-BANN GEGEN MUSLIME

⊘ NEUE JOBS

✓ TWITTER BEKOMMT 280 ZEICHEN

ALTER WEISSER MANN:

✓ ALT

✓ WEISS

✓ MANN

⊘ ÄRMSTE SAU IN DER WELT, DER VON LINKEN QUASI GEZWUNGEN WIRD NAZIS ZU WÄHLEN.

OLD WORK

- ✓ ÜBERSTUNDEN
- ✓ MIESE CHEFS
- ✓ 5 TAGE WOCHE
- ✓ PRÄSENZKULTUR
- ⃠ ARBEIT

NEW WORK

- ✓ KEINE ÜBERSTUNDEN
- ✓ CHEFS, DIE ZUHÖREN
- ✓ FLEXIBLE ARBEITSZEITEN
- ✓ HOME-OFFICE
- ⃠ ARBEIT

MEINE BAHNFAHRT:

- ✓ ZUG IST PÜNKTLICH
- ✓ KEINE GEÄNDERTE WAGENREIHUNG
- ✓ KLIMAANLAGE FUNZT
- ✓ BORDBISTRO GEÖFFNET
- ✓ RESERVIERUNGSSYSTEM LÄUFT
- ✓ HÄLT AM VORGESEHENEN GLEIS

EIGENTLICH MÜSSTE HEUTE NUR NOCH TRUMP ZURÜCKTRETEN, UM DAS WUNDER PERFEKT ZU MACHEN!!

DER TSCHILLER #TATORT IST WIE DER CDU/CSU ASYLSTREIT:

- ✓ SEHR LAUT
- ✓ TOTAL KOMPROMISSLOS
- ✓ DIE SPD SPIELT KEINE ROLLE
- ✓ MAN VERSTEHT IRGENDWANN NICHT MEHR, UM WAS ES GEHT
- ✓ INSGESAMT HAT MAN ETWA 100.000 MAL „FUCK“ GESAGT
- ✓ AM ENDE FRAGT MAN SICH, WAS DAS BRIMBORIUM SOLLTE

JULIAN REICHELT

- ✓ TANIT KOCH RAUSGEEKELT
- ✓ G20 SNICKERS-RÄUBERIN VERKNACKT
- ✓ DIETER WEDEL VOR VORVERURTEILUNGEN GESCHÜTZT
- ✓ JENS SPAHN HOCHGEJAZZT
- ✓ AfD HOFFÄHIG GEMACHT
- ✓ KIKA ZUM IS-SENDER GEMACHT
- ⃠ EINEN TAG NICHT IN BILD GELOGEN

FREIHEIT 1989:

- ✓ FREIHEIT
- ✓ BANANEN

FREIHEIT 2019:

- ✓ SUV FAHREN
- ✓ 250 KM/H AUF DER AUTOBAHN
- ✓ BILLIGFLÜGE
- ✓ DISCOUNTER-FLEISCH
- ✓ PRIMARK-SALE
- ⃠ BANANEN

FILTERBUBBLE-TAUSCH.

Filterbubble-Tausch ist immer wieder anders: Heute zum Beispiel tauscht eine rechtschaffen-ordnungsliebende Filterbubble mit einer links-grün versifften Filterbubble.

*Die links-grün versiffte aber immer quirlige Filterbubble Sophie P. lebt glücklich und zufrieden im alternativen Berlin-Kreuzberg. Sie lebt in einer transsexuellen, barrierefreien Feminist*Innen-WG und sammelt als Hobby Binnensternchen aus aller Welt. „Ich habe schon Binnensternchen aus den Niederlanden, Honduras und sogar aus Ungarn – da hing sogar noch ein Stück Stacheldraht dran", meint die Filterbubble Sophie P. immens glücklich." Während im Hintergrund ein Orbi et Orban aus dem Vatikanradio schallt. Dabei starrt sie ihre noch nicht leergentrifizierte 150 Quadratmeter-Wohnung an, während die Räume vor Dreck zurückstarren.*

Auf der anderen Seite wartet ihre rechtschaffen-ordnungsliebende Tausch-Filterbubble Dora Z. aus dem ruhig-beschaulichen Heilbronn. Die Betonung liegt auf Heil. Sie lebt in einer ordentlichen Doppelhaushälfte in deren Schatten man im Sommer (und während aller anderen Jahreszeiten) extrem braun werden kann. „Die AfD hat hier bei der Bundestagswahl 27,2% geholt und dabei sind meine Stimmen noch gar nicht mitgezählt worden." Die ordnungsliebende Filterbubble hat ein Faible für gerade Linien und Mauern. „Ich habe ein Fotoalbum mit Bildern von Mauern aus aller Welt – hier ist zum Beispiel die Mauer von Mexiko im Vorrundenspiel der WM2018 gegen Deutschland, bei der wir wegen Özil vorzeitig ausgeschieden sind." Ein etwas mauer Vergleich.

Nach einer Fahrt von etwa 600 Kilometern kommt die rechtschaffende Filterbubble Dora Z. schließlich am Kotti in Kreuzberg an. Offene Drogenszene, offene Beine der Obdachlosen und offene Spätis sogar jetzt noch um 23 Uhr. „In Heilbronn sind die Geschäfte ab 18:30 Uhr geschlossen", meint die Filterbubble mit offenem Mund. Sie ist beeindruckt und besorgt sich noch schnell etwas Hitler-Droge Crystal Meth nebst einem sehr langen Remix von „Drei Tage wach". Dann geht es ratzfatz in die Wohnung der linksgrün-versifften Filterbubble Sophie P. „Alles ziemlich versifft", stellt die ordnungsliebende Filterbubble fachfrauisch fest. Die Kamera fährt dabei an verstaubte Siffecken oder zoomt die Toilette an. Alles ziemlich eklig.

Währenddessen in der Vorstadtsiedlung Heilbronns im Schatten der Doppelhaushälfte von Dora Z. – die linksgrün-versiffte Filterbubble ist geschockt, wie ordentlich alles ist. „Alles hat hier seinen Platz, sogar die Menschenverachtung", staunt die links-grün versiffte Filterbubble Sophie P. Sie blättert dabei in dem Fotoalbum mit den verschiedenen Mauern. „Oh, hier ist noch ein leerer Platz *für die Mauer von Trump, die Mexiko bezahlen soll." Sophie P. nimmt einen Edding mit formidabler CO_2-Bilanz und schreibt auf den leeren Platz „Refugees Welcome".*

Es ist ein totaler Schock: keine der beiden Filterbubbles hatte je sein angestammtes Revier aus Ja-Sagern, Like-Gebern und Favern verlassen. „Ich kannte das Wort „Nein" nur noch aus alten germanischen Sagen", so die rechtschaffen-ordnungsliebende Filterbubble Dora Z. „Und ich aus unabhängigen Analysen der Antonio Amadeo Stiftung", so die linksgrün-versiffte Filterbubble Sophie P. Normalerweise glauben beide nur den Fake-News, die sie selbst gefälscht haben, doch heute müssen sie sich zwangsläufig mal mit anderen Meinungen auseinandersetzen. „Das ist unmenschlich und verstößt gegen den Artikel Eins des Grundgesetzes", so die linksgrün-versiffte Filterbubble im Biedermeier-Wohnzimmer in Heilbronn im Fernseher läuft dabei eine Pressekonferenz des FC Bayern mit Karl-Heinz Rummenigge (hochroter Kopf), Uli Hoeneß (noch hochröterer Kopf) und einem anderen Menschen, den sie noch nie im Leben gesehen hatte. Er fühlte sich sichtlich unwohl und schenkte sich noch etwas Kaffee nach, während Rummenigge mit dem Grundgesetz in der Hand rumfuchtelte.

Und bevor noch etwas Schlimmeres passieren konnte, retteten sich die Filterbubbles in den Werbeblock.

– DREI

LA

TAGE

CH –

LANGSAM HABE ICH DEN VERDACHT: DIE LERNKURVE DER SPD IST FLACHER, ALS MEINE WITZE.

HABE HEUTE FRÜH „DRAGOSTA DIN TEI“ GEHÖRT UND MUSS EINEN JAHRELANGEN FEHLER KORRIGIEREN.

MAJA HI MAJA HO MAJA HA MAJA HAHA
HEISST ES KORREKT:
MAJA HI MAJA HU MAJA HA MAJA HAHA
DIE REDAKTION BITTET DEN FEHLER ZU ENTSCHULDIGEN.

ALTES FILMER-SPRICHWORT: SÄGE NICHT AN DEM CINEAST AUF DEM DU SITZT.

BANKSY SCHREIBT GERADE AN EINER WESTERN-STORY: OLD SCHREDDERHAND.

FRÜHER: MIKROPLASTIK IST SCHEISSE.
HEUTE: MIKROPLASTIK IST SCHEISSE.

ES HEISST JA AUCH KOMMENTARSPALTEN UND NICHT KOMMENTARVEREINIGEN.

„ICH HAB MAL BEI PHOTO PORST GEARBEITET."
„UND?"
„PORSTTRAUMATISCHE BELASTUNGSSTÖRUNG."

NUR WER BRENNT, VERBRENNT AUCH BIS ZUR SCHLACKE."
(WARUM ICH BEI DEN LINKEDIN BUSINESS-WEISHEITEN NIE PUNKTEN KANN)

HÄTTE ERNIE GEDACHT: BERT IST SCHWUL.

MEINE KOLLEGIN HAT GESTERN MIT NEM BETRUNKENEN PUNKER RUMGEKNUTSCHT. SEINE FAHNE: FISCHFILET.

„BIST DU AUF ARBEIT?" „NEE, KOKS."

DIGITALE BOHÄME.

DDR: KAUFHALLE
BRD: KAUF HALLE.

„HERRGOTTKRUZIFIXSAKRAMENT."
„WIR MÜSSEN FLUCHURSACHEN BEKÄMPFEN."

„WIR MÜSSEN DEINE BOYGROUP-SUCHT ABBAUEN."
„UND WIE?"
„STEP-BY-STEP."
„UUUUUUH BABY, GONNA GET TO YOU GIRL..."

SEID ICH DRAUF ACHTE, MACHE ICH WENIGER FEHLER.

PRINT WIRKT.

GESCHENK DES TAGES:

FEEL FREE:

FREE HUGS
DON'T FREE ALEPPO!
NO FREE MERKEL!
NO FREE WILLI!
NO FREE WIFI

IN GELBWESTEN NICHTS NEUES.

The great flame war wird unser Zeitalter dereinst in Frankreich, England und dem Mutterland des Web, den USA, genannt werden. In Deutschland sagt man dazu einfach nur schnelles Internet und redet dabei von maximal 50 M/Bit pro Sekunde. Lächerlich. Aber Spaß beiseite. Die Kommentarspalten sind die Schützengräben der Generation Free WiFi. Junge Menschen werden dort als Datenmaterial von großen Digitalkonzernen zu Millionen verheizt. Im Namen der Meinungsfreiheit. Sie werden in das erbarmungslose Maschinengewehrfeuer von russischen Bot-Armeen getrieben und zuhauf dem Erdboden gleichgemacht. Weil es ja nichts kostet. Menschen können sterben. Daten nicht.

(Tweet)
Früher: Die Hölle von Verdun
Heute: Die Hölle von Verdumm

Die Welt ein einziges Dumm-Dumm-Geschoss. Facebook ist die Somme. Google die Hölle von Verdun. Und Amazon der erbarmungslose Abnutzungskampf um Gallipolli. Jeder hat sein Päckchen zu tragen in den Stahlgewittern der Shitstorms. Um jede Anhöhe, um jeden noch so unscheinbar grauen Zuckerberg wird gerungen. Die einfachen Internet-Soldaten stehen Knietief im Dreck aus Hass-Kommentaren oder Fake-News. Propaganda-Abteilungen unter der Führung der Obersten Hassleitung – kurz OHL - arbeiten daran, die jeweils andere Seite besonders schlecht aussehen zu lassen. Es werden keine Gefangenen gemacht. Es geht nicht um siegen, sondern um vernichten. Die Amerikaner, die uns ja was das Internet immer einen Tick voraus sind, sagen dazu Selfie-Destructing.

(Tweet)
„Wie finden Sie im Westen nichts Neues?"
„Remarqueable."

Zurück bleibt eine entwurzelte Generation ohne Heimat. Denn unser Zuhause ist da, wo wir uns automatisch ins WLAN einloggen – also bei unserem Stamm-Starbucks. Einer gleichmachende Kette, mit Standards, die uns Standard vortäuschen. Wir sind verletzt an Körper und Seele. Manchmal sitzen wir da mit einem Soya Decaf Latte mit einem Double-Shot Caramel und erinnern uns an die Schlachten in den Facebook-Kommentaren. Da ging es immer um das grundsätzliche. Aber Instagräme dich nicht. Schon eure Ur-Großväter zogen in den Krieg für eine gute Sache. Ihr auch. Ihr wolltet die Welt retten als überzeugter Veganer oder notorischer Fleischesser. Als blutjunge Feministin oder alter weißer Mann. Als Kampfradler oder am Steuer eines tonnenschweren Panzers Namens SUV. Bis ihr erkannt habt, dass man Tweets nicht essen kann.

Du nimmst noch einen letzten Schluck von dem, was du für Kaffee hältst, loggst dich aus dem WiFi „Erich_Maria_Remarque“ aus und denkst noch: Erich? Maria? Ist der Mann oder Frau oder Trans? Und dann machst du dich auf zum letzten Gefecht und gehst zur Unisex-Toilette mit dem Gedanken: als Erich Maria würde heute vieles einfacher sein.

Wofür sind wir alle gestorben vor Langweile?

2019 BIS JETZT

- ✓ RASSISTISCHER AUTO-ANSCHLAG
- ✓ HACKER-ANGRIFF AUF POLITIK
- ✓ ANSCHLAG GEGEN AfD IN DÖBELN
- ✓ CHINESEN LANDEN AUF MOND
- ✓ SIEGSTYLE WURDE 12 STUNDEN AUF TWITTER GESPERRT
- ✓ SOPHIE PASSMANN HAT EINE ZEIT-KOLUMNE

-> ZEIT FÜR DEN RTL JAHRESRÜCKBLICK MIT JAUCH!

THEMEN DER CDU/CSU/SPD/FDP POLITIK:
2015: FLÜCHTLINGE
2016: FLÜCHTLINGE
2017: FLÜCHTLINGE
2018: FLÜCHTLINGE
2019: FLÜCH...OH, VERDAMMT, WIR HABEN KLIMA, MIETEN, DIGITALISIERUNG, ENERGIEWENDE, VERKEHRSWENDE, AGRARWENDE UND CO. VERSCHLAFEN UND WERDEN NICHT MEHR GEWÄHLT.

LETZTE WORTE

Ich bringe mein Buch als Blog raus.
Ich glaube nur der Selbstoptimierung, die ich selbst optimiert habe.
(Winston Churchill)

Ich bin – also denke ich.
Ich und ich, dies ist zweierlei.
Ich Würth auch gerne Milliadär werden.
Ich. Ich. Ich. Hoppsassa, Gedankenstrich.

Ich tanke:

Diesel, Super, Benzin, Auf, Energie, 2 Nasen, E10, Strom, Ökostrom,
Ganz vielen Menschen auf Twitter, Meinen Freunden, Meiner Frau

We Shell overcome.

Peace, Loft and Haarmony
(wenn ich mal einen Friseurladen aufmache)

Euer
siegstyle

IMPRESSUM

Gestaltung und Illustration: Tina Henschel
Weitere Mitwirkende: Mo Tapprogge, MO Création & Design

Verlag: finebooks
Herausgeber: Alexander Broicher

Die Deutsche Nationalbibliothek verzeichnet diese Publikation in der Deutschen Nationalbibliografie.

ISBN: 978-3-948373-09-2

Wirklich ganz am Ende:
die SPD.

WAS IST DER UNTERSCHIED, ZWISCHEN EIERLIKÖR UND DER SPD?
EIERLIKÖR HAT MEHR PROZENTE. UND EIER.

Charakterisierung der Partikelemissionen einer Biomasse-Kleinfeuerungsanlage

CHARAKTERISIERUNG DER PARTIKELEMISSIONEN EINER BIOMASSE-KLEINFEUERUNGSANLAGE

Vom Promotionsausschuss der
Technischen Universität Hamburg-Harburg

zur Erlangung des akademischen Grades

Doktor-Ingenieur (Dr.-Ing.)

genehmigte Dissertation

von
Jens Wilken

aus
Hamburg

2012

Bibliografische Information der Deutschen Nationalbibliothek

Die Deutsche Nationalbibliothek verzeichnet diese Publikation in der Deutschen Nationalbibliographie; detaillierte bibliografische Daten sind im Internet über http://dnb.d-nb.de abrufbar.

1. Aufl. - Göttingen: Cuvillier, 2012
   Zugl.: (TU) Hamburg-Harburg, Univ., Diss., 2012

978-3-95404-044-5

1. Gutachter:	Prof. Dr.-Ing. A. Kather
2. Gutachter:	Prof. Dr.-Ing. W. Calmano
Prüfungsvorsitzender:	Prof. Dr.-Ing. G. Schmitz

Tag der mündlichen Prüfung: 12. Januar 2012

Nonnenstieg 8, 37075 Göttingen
Telefon: 0551-54724-0
Telefax: 0551-54724-21
www.cuvillier.de

1. Auflage, 2012
Gedruckt auf säurefreiem Papier

978-3-95404-044-5

Vorwort

Die vorliegende Arbeit entstand während meiner Tätigkeit als wissenschaftlicher Mitarbeiter am Institut für Energietechnik der Technischen Universität Hamburg-Harburg.

Mein besonderer Dank gilt Herrn Prof. Dr.-Ing. A. Kather für die wissenschaftliche Betreuung, seine volle Unterstützung sowohl während der verschiedenen Phasen dieser Arbeit als auch während meiner gesamten Zeit am Institut und für das Salz in der Suppe.

Weiterhin danke ich Herrn Prof. Dr.-Ing. W. Calmano für die Übernahme des Koreferats, Herrn Prof. Dr.-Ing. G. Schmitz danke ich für die Übernahme des Prüfungsvorsitzes.

Direkt zum Gelingen dieser Arbeit haben Herr G. Garbe, Herr R. Gehlsen-Lorenzen und Herr R. Meyer-Kruskopf mit ihrer tatkräftigen Unterstützung beim Aufbau des Versuchsstands und der Messtechnik sowie Studentinnen und Studenten als Studentische Hilfskräfte, Studien-, Bachelor- und Diplomarbeiter beigetragen, wofür ich sehr dankbar bin.

Darüberhinaus möchte ich mich bei allen Mitarbeiterinnen und Mitarbeitern des Instituts für Energietechnik für die konstruktive, kameradschaftliche Begleitung und die gute Zeit bedanken.

Inhaltsverzeichnis

Tabellenverzeichnis

Abbildungsverzeichnis

Symbolverzeichnis

Abkürzungen	
al	Aluminium
BMELV	Bundesministerium für Ernährung, Landwirtschaft und Verbraucherschutz
BImschV	Verordnung zum Bundes Immissionsschutzgesetz
CAD	Computer Aided Design
CLD	Chemiluminiszenz Detektor
DIN*plus*	Qualitätsstandard für Holzpellets
EDV	Elektronische Datenverarbeitung
EDX	Energiedispersive Röntgenspektroskopie
ELPI	Electrical Low Pressure Impactor
f.	feucht
FPS	Fine Particle Sampler, Probengasverdünnung
GK	Gerstenkörner
HACA	Hydrogen Abstraction Carbon Addition
HP	Holzpellets
H_u	Unterer Heizwert
i. N.	im Normzustand
KFA	Kleinfeuerungsanlage
l_{min}	Mindestluftbedarf
NDIR	Nicht-dispersive Infrarotbestrahlung
np	nuclepore, gesinterte Sammelplatten
PAK	Polyzyklische aromatische Kohlenwasserstoffe
PL	Primärluft
PM_x	Particulate Matter, Summe aller Teilchen mit einem Durchmesser kleiner x µm
REM	Rasterelektronenmikroskop
RP	Roggenstrohpellets
SL	Sekundärluft
tr.	trocken
WK	Weizenkörner

Formelzeichen	
α	Konstante
β	Konstante
γ	Konstante

θ	Sondenwinkel
η	Dynamische Viskosität
λ	Freie Weglänge zwischen Molekülen einer Gasströmung
ρ	Dichte
σ	Standardabweichung
A	Fläche
c	Geschwindigkeit
C	Konzentration, Partikelkonzentration
C_C	Cunningham-Faktor
d	Durchmesser
d_A	Durchmesser der Agglomeratumhüllenden
d_ae	Aerodynamischer Durchmesser
d_p	Partikeldurchmesser
d_PP	Durchmesser eines Primärpartikels
d_p50	Partikeldurchmesser für den der Abscheidegrad 50 % beträgt
d_St	Stokesdurchmesser
D_f	Fraktale Dimension
D_p	wie d_p, nur verwendet in $\mathrm{d}N/\mathrm{d}\log D\mathrm{p}$ in Übereinstimmung mit der Literatur
G_θ	Impaktionsbeiwert
i	Stoff, chemisches Molekül
I	Elektrischer Strom
k	Konstante
k_R	Proportionalitätkonstante
Kn	Knudsen-Zahl
n	Impaktorstufe
N	Partikelanzahl
m	Masse
M	Massenkonzentration
p	Druck
$\dot{Q}_\mathrm{N}$	Nutzwärmeleistung
R	Agglomerationsregime
S	Sutherland-Faktor
St	Stokes-Zahl
T	Temperatur
u	Geschwindigkeit
v	Geschwindigkeit
V	Volumen
x	Stoffanteil

X	Elektrische Ladung
Z	Konstante

Indizes	
0	Bezugszustand, Anzahlverteilung
ae	Aerodynamisch
Anz	Anzeige
cal	Kalibrierzustand
f	Fraktal
F	Fraktion
i	Stoff, Molekül
kal	Kalibrierzustand
K	Konstante Dichte
L	Luft
mess	Messzustand
n	Impaktorstufe, Zähler
PP	Primärpartikel
RG	Rauchgas
St	Stokes
stat	statisch

1 Einleitung

Die Themen CO_2-Emissionen und Versorgungssicherheit bestimmen die aktuellen Debatten der Energiepolitik. Um CO_2-Minderungsziele zu erreichen, bemühen sich die europäischen Staaten in den unterschiedlichen Sektoren des Energieeinsatzes Anreize für den Einsatz CO_2-armer Umwandlungstechnologien oder Primärenergieträger zu setzen. Neben dem Verkehr und der Elektrizitätserzeugung trägt die Wärmeerzeugung für Raumwärme und Warmwasser in der Bundesrepublik Deutschland zu ca. 31 % zum Endenergieverbrauch bei, der nach wie vor zum überwiegenden Teil durch fossile Energieträger bereitgestellt wird [80]. Innerhalb der vergangenen 10 Jahre stieg der Anteil regenerativer, nahezu CO_2-freier Energieträger in diesem Sektor um den Faktor 8 auf zuletzt ca. 144 PJ/a an [80].

Stand der Technik bei der dezentralen Wärmebereitstellung mit regenerativen Energieträgern sind automatisch beschickte und geregelte Pellet-Kleinfeuerungsanlagen in der Leistungsklasse bis etwa 50 kW. In diesen Anlagen werden hauptsächlich standardisierte und genormte so genannte DIN*plus* Holzpellets eingesetzt. Durch eine Novelle der 1. BImschV, die Anfang des Jahres 2010 in Kraft getreten ist, wurde das Brennstoffband um halmgutartige Strohbrennstoffe und Getreidekörner erweitert. Ziel dieser Erweiterung ist nicht nur die Vergrößerung des nutzbaren Brennstoffvorrats erneuerbarer Energieträger sondern auch die Unabhängigkeit von Energieimporten und die Stärkung des ländlichen Raums durch die regionale Bereitstellungsinfrastruktur.

Die „neuen" Brennstoffe der 1. BImschV erzeugen höhere Schadstoffkonzentrationen als die standardisierten DIN*plus* Holzpellets, was an ihren Feuerungseigenschaften (z. B. Kohlenmonoxid) oder der Brennstoffzusammensetzung (z. B. Stickstoffoxide) liegt, die für die halmgutartigen und Körnerbrennstoffe in einem weiten Bereich variieren. Mit moderner Anlagentechnik und Feuerungsführung können die Grenzwerte für die meisten Brenn- und Schadstoffe sicher unterschritten werden. Lediglich die Grenzwerte für die Gesamtstaubemissionen werden z. T. massiv überschritten.

Prinzipiell gibt es drei Möglichkeiten zur Emissionsminderung. Schon durch Selektion bzw. Konditionierung des Brennstoffes können schadstoffproduzierende Bestandteile aus dem Prozess entfernt werden, wie es u. a. bei den DIN*plus* Holzpellets geschieht, für deren Produktion ausschließlich Stammholz verwendet wird. Während der Verbrennung kann der Schadstoffumsatz durch Primärmaßnahmen wie z. B. Luftstufung oder Rauchgasrezirkulation eingedämmt werden. Nach der Verbrennung können Sekundärmaßnahmen wie u. a. Filter oder Wäscher eingesetzt werden, um die Schadstoffe aus dem Rauchgas zu entfernen.

Über die speziellen Eigenschaften der Feinstaubpartikel, aus denen die Gesamtstaubemissionen von Biomasse-Kleinfeuerungsanlagen hauptsächlich bestehen, ist bislang noch zu wenig bekannt, um Emissionsminderungsmaßnahmen gezielt zu entwickeln und einzusetzen. Da insbesondere Sekundärmaßnahmen den ökonomischen Einsatz von Biomassebrennstoffen zur dezentralen Wärmeerzeugung gefährden, sind gezielte, kostengünstige Methoden zur Partikelemissionsminderung notwendig. Ziel dieser Arbeit ist es, die Größenverteilung der Partikelemissionen sowie ihre chemische Zusammensetzung zu charakterisieren und damit eine Grundlage für gezielte Emissionsminderungsmaßnahmen zu schaffen. Anhand von vier verschiedenen Brennstoffen, Holzpellets, Roggenstrohpellets, Weizen- und Gerstenkörnern, werden brennstoffspezifische Charakteristika untersucht. Um vergleichbare Randbedingungen zu schaffen, werden alle Brennstoffe in derselben Feuerungsanlage eingesetzt und der feuerungsseitige Einfluss auf die Partikelemissionen wird untersucht.

2 Partikelbildung

2.1 Auswirkungen und Kontrolle von Partikelemissionen

2.1.1 Einfluss von Partikelimmissionen auf die Umwelt

Partikelimmissionen, die in der Umwelt gemessen werden, stammen aus einer Vielzahl unterschiedlicher Quellen. Dabei wird zwischen Primärpartikeln, die aus Partikelemissionen stammen, und Sekundärpartikeln, die in der Atmosphäre durch gasförmige Vorläufersubstanzen gebildet werden, unterschieden. Obwohl im Vergleich zu Primärpartikeln im Jahr 2000 in Europa etwa die zehnfache Masse an Vorläufergasen für Sekundärpartikel, Stickoxide, Schwefeldioxid und Ammoniak emittiert wurde, summierte sich die immittierte Sekundärpartikelmasse zu etwa 20 % der immittierten Primärpartikelmasse. [5]

Primärpartikel der Größenklasse $PM_{2,5}$ wurden im Jahr 2000 in Europa zu 35 % von mobilen Quellen, zu 25 % von nicht-gewerblichen Kleinfeuerungsanlagen, zu 20 % aus industriellen Quellen, zu 5 % von Energieerzeugungsanlagen, zu 4 % aus landwirtschaftlichen Quellen und zu 2 % aus Industriefeuerungen emittiert [5]. Verursacht durch die Absenkung von Emissionsgrenzwerten für mobile und industrielle Quellen, wird eine Verschiebung dieser Emissionsverteilung bis zum Jahre 2020 hin zu den nicht-gewerblichen Kleinfeuerungsanlagen prognostiziert, die dann zur größten Partikelquelle werden und bis zu 38 % der Primärpartikel in Europa emittieren werden [5]. Schon im Jahr 2003 überstiegen die PM_{10} Emissionen nicht-gewerblicher Kleinfeuerungsanlagen in Deutschland die Emissionen aus dem Straßenverkehr (nur Partikel aus Verbrennungsprozessen) [49].

Abhängig von der Größe der Partikel sind Verweildauer und potentielle Transportdistanz in der Atmosphäre. So genannte ultrafeine Partikel mit aerodynamischen Durchmessern[1] kleiner als $0,1\ \mu m$ haben eine mittlere Verweildauer in der Suspensionsphase in der Größenordnung von Stunden und werden über Strecken von bis zu einigen Kilometern bewegt. Diese Partikel werden mit Niederschlägen ausgewaschen oder wachsen durch Agglomeration oder Kondensation zu Partikeln der Akkumulationsmode heran, die Partikel im Größenbereich zwischen $0,1$ und $1\ \mu m$ umfasst. Partikel dieser Größenklasse haben einen Mobilitätsradius in der Atmosphäre in der Größenordnung von 1000 km und können einige Wochen in Suspension verbleiben. Sie dienen vielfach als Kondensationskeime für Wolkenbildung und werden durch Regen niedergeschlagen. Gröbere Partikel sedimentieren nach einigen Stunden bis Tagen, können aber auch durch Niederschlag aus der Atmosphäre entfernt werden. Ihre Transportdistanz kann einige hundert km betragen. [5]

[1] Aerodynamischer Durchmesser: Durchmesser des kugelförmigen, homogenen Vergleichskörpers der Dichte 1 g/cm^3, der die gleiche Sinkgeschwindigkeit hat.

Je nach Herkunft oder Entstehung der Partikelimmissionen können die Partikel unterschiedliche physikalische und chemische Eigenschaften mit sich bringen. In der Beschreibung und Quantifizierung der Auswirkungen von Partikelimmissionen wird allerdings zumeist nicht nach Emissionsquellen unterschieden, da Partikel unterschiedlicher Herkunft nach ausreichender Verweilzeit durch Agglomerationsprozesse neue Mischpartikel bilden, welche die unterschiedlichen Eigenschaften vereinen. In einzelnen Untersuchungen konnte jedoch die Herkunft genau rekonstruiert werden (z. B. [68]).

Partikelimmissionen führen zu gesundheitlichen Beeinträchtigungen von Menschen. Sie führen u. a. zu einer Beeinträchtigung der Lungenfunktionen, erhöhtem Risiko für Atemwegs- und Herzerkrankungen, asthmatischen Beschwerden und Lungenkrebs [12]. Wichtige Parameter sind Häufigkeit und Dauer der Exposition sowie die Größenverteilung und chemische Zusammensetzung der Partikel. Im Mittel wird die durchschnittliche Abnahme der Lebenserwartung in Europa (EU-25) von der Weltgesundheitsorganisation (WHO) auf 8,6 Monate durch die Langzeitexposition gegenüber Feinstaubpartikel geschätzt [5]. Während gröbere Partikel durch Schleimhäute und bewimperte Oberflächen des Atemtrakts zurückgehalten werden können, kommt der Partikelfraktion mit Durchmessern kleiner als $2,5\ \mu m$ ($PM_{2,5}$) besondere Bedeutung zu, da sie durch die natürlichen Lungenfunktionen nur sehr langsam abgereinigt werden können. Insbesondere ultrafeine Partikel mit aerodynamischen Durchmessern von unter $0,1\ \mu m$ können sehr tief in die Lunge eindringen und zu Entzündungen der Alveolengefäße führen [12]. Da sie außerdem eine große spezifische Oberfläche besitzen, sind diese Partikel besonders gesundheitsgefährdend und wirken reizend, toxisch oder mutagen, vor allem, wenn sie Schwermetalle oder organische Substanzen, wie z. B. Dioxine, transportieren [46].

Zu weiteren Umweltbeeinflussungen zählen korrosive Eigenschaften, die Funktion als Kondensationskeime für Wolkenbildung sowie die Beeinflussung der Sonneneinstrahlung durch die Aerosole selber oder durch die verursachten Wolken. Auf diese Weise hat die Partikelkonzentration in der Atmosphäre einen Einfluss auf den Klimahaushalt der Erde [46].

2.1.2 Grenzwerte und Regularien für Partikelkonzentration

In etwa analog zum Potential der Gesundheitsgefährdung durch Partikel unterschiedlicher Größe werden Grenzwerte für Partikelklassen festgelegt, die sich über den maximalen aerodynamischen Durchmesser eines Partikelgrößenbereichs definieren. Die Größenklasse PM_{10} bezeichnet dabei alle Partikel (particulate matter) mit einem aerodynamischen Durchmesser bis zu $10\ \mu m$, die Größenklasse $PM_{2,5}$ alle Partikel bis zu $2,5\ \mu m$ Durchmesser, usw.

„Zum Schutz der menschlichen Gesundheit“ werden in der Europäischen Richtlinie „2008/50/EG über die Luftqualität und saubere Luft in Europa“ [1] Immissionsgrenzwerte für PM_{10} definiert. Diese Richtlinie wird durch die 39. BImschV in deutsches Recht umgesetzt. Als Maßnahme zur Erreichung der Immissionsgrenzwerte werden die Emissionsgrenzwerte, die für Kleinfeuerungsanlagen in der 1. BImschV geregelt sind, entsprechend angepasst.

Für die PM_{10}-Fraktion ist in der 39. BImschV ein Immissionsgrenzwert von 50 $\mu g/m^3$ festgelegt, der an einem Ort an höchstens 35 Tagen im Jahr überschritten werden darf. Im jährlichen Mittel darf die zulässige PM_{10}-Partikelkonzentration 40 $\mu g/m^3$ nicht überschreiten. Für die $PM_{2,5}$-Klasse liegt der Grenzwert bei 25 $\mu g/m^3$. [3]

Grenzwerte für die Emissionen aus Kleinfeuerungsanlagen sind seit 1988 in der 1. BImschV geregelt [16]. Vor dem Hintergrund eines erweiterten Brennstoffbandes aus erneuerbaren Energien sowie veralteten Grenzwerten wurde die Verordnung zwischen 2005 und 2009 novelliert. Mit Inkrafttreten der novellierten Fassung Anfang 2010 wurden als Erweiterung zur Fassung von 1997 zusätzlich zu Strohbrennstoffen auch Getreidekörner und ähnliche Brennstoffe mit in das Brennstoffband aufgenommen. Außerdem werden in einem zweistufigen Zeitplan die Grenzwerte für Kleinfeuerungsanlagen abgesenkt (siehe Tabelle 2.1).

Tabelle 2.1: Emissionsgrenzwerte der 1. BImschV für die Brennstoffe Holzpellets sowie Stroh und Getreidekörner für Feuerungsleistungen > 4 kW und < 500 kW; bez. a. 13 % O_2 (i.N.tr.) [17]

	Holz (Nr. 5a)		Stroh und Getreide (Nr. 8) [1]		
	Staub	CO	Staub	CO	NO_x [2]
	mg/m^3	mg/m^3	mg/m^3	mg/m^3	mg/m^3
1. BImschV 1988 [3]	150	4000	(150)	(4000)	(-)
1. Stufe [4]	60	800	100	1000	600
2. Stufe [5]	20	400	20	400	500

[1] Getreide erst mit Inkrafttreten der novellierten Fassung der 1. BImschV

[2] Bei der Typenprüfung

[3] Die Fassung von 2002 sah keine Typenzulassung für Anlagen für den Einsatz von Strohbrennstoffen vor

[4] Anlagen, die nach Inkrafttreten der novellierten Fassung der 1. BImschV errichtet werden

[5] Anlagen, die nach dem 31.12.2014 errichtet werden

Die erste Stufe gilt für Anlagen, die nach Inkrafttreten der Novelle errichtet werden; die zweite Stufe gilt für Anlagen, die nach dem 31.12.2014 errichtet werden. Für den Anlagenbestand werden Übergangsfristen abhängig vom Alter der Anlage festgelegt, sodass bspw. Anlagen, die vor dem Inkrafttreten der neuen Fassung der 1. BImschV errichtet wurden, bis einschließlich 2024 nach den alten Grenzwertregelungen betrieben werden können.

Bei einer Typenprüfung müssen Anlagen, die für Stroh- und Getreidebrennstoffe (§3 Nr. 8) zugelassen werden sollen, die Grenzwerte 250 $^{mg}/_{m^3}$ (i.N.tr.), bez. a. 13 % O_2, für CO, 600 $^{mg}/_{m^3}$ für NO_x (2. Stufe: 500 $^{mg}/_{m^3}$) und $0,1$ $^{ng}/_{m^3}$ für Dioxine und Furane einhalten.

2.1.3 Abscheidung von Partikeln aus Rauchgasen

Sekundärmaßnahmen zur Minderung von Partikelemissionen sind vor allem aus der Großkraftwerkstechnik bekannt, wo seit einigen Jahrzehnten Emissionsgrenzwerte existieren, die mit Primärmaßnahmen für einige Brennstoffe nicht eingehalten werden können. Diese der Verbrennungsanlage nachgeschalteten Vorrichtungen lassen sich ihrem Abscheidemechanismus nach klassifizieren.

Massenkraftabscheider machen sich die Massenträgheit der im Rauchgas mitgeführten Partikel zu Nutze. Sie prägen dem Rauchgasstrom eine Richtungsänderung auf und beschleunigen ihn dadurch in radialer Richtung. Abhängig von ihrer Masse können die Partikel dem Gasstrom folgen oder werden auf tangentialer Flugbahn abgeschieden. Charakteristische Kennzahl für Massenkraftabscheider ist die Trennkorngröße d_{p50} der Partikel, die zu 50 % im Fein- und im Grobgut des Klassierers enthalten sind. Die einfachste Form des Massenkraftabscheiders ist der so genannte Schikanenfilter, der die Richtung des Rauchgasstroms mehrfach umlenkt. Weit verbreitet und weitaus effektiver ist der Zyklon, in den das Rauchgas in tangentialer Richtung eintritt. Das Rauchgas wird zunächst auf tangentialer Bahn beschleunigt und tritt dann radial durch das Tauchrohr aus dem Zyklon aus, während Partikel mit aerodynamischem Durchmesser größer als der charakteristische Trennkorndurchmesser an der Wand des konisch zulaufenden Zylinders in einen Sammelbehälter abgeschieden werden. Der Einsatzbereich von Gaszyklonen erstreckt sich über einen weiten Bereich von wenigen mbar und Umgebungstemperatur bis hin zu 100 bar und 1000 °C. Sie sind robust und haben eine lange Lebensdauer. Der Eigenenergiebedarf ergibt sich aus dem Druckverlust des Bauteils, der im Bereich zwischen 5 und 30 mbar liegt. [28, 78]

Eine Aufteilung des Rauchgasstroms auf mehrere Zyklone, einen so genannten Multizyklon, ermöglicht die Entkopplung von Rauchgasvolumenstrom und Trennkorndurchmesser. Auf diese Weise können Partikel bis zu einer Größe von $d_{p50} \approx 5\ \mu m$ abgeschieden werden. [55, 71]

Bei filternden Abscheidern erfolgt die Abscheidung der Partikel aus dem Gasstrom auf und an dem Filterkuchen, der sich auf dem Filtermaterial des Abscheiders bildet. Als Filtermaterial können flexible Fasern oder Membrane aber auch starre faserige oder körnige keramische Werkstoffe in Form von Kerzenfiltern, Filtereinsätzen oder Schüttungen eingesetzt werden. Mit wachsendem Filterkuchen steigt die Abscheideleistung und gleichzeitig der Druckverlust über den Abscheider, der daher periodisch mechanisch oder hydraulisch abgereinigt werden muss. Filternde Abscheider erreichen in der Regel sehr hohe Abreinigungsleistungen, weshalb sie als Endreiniger eingesetzt werden können. Um Abreinigungsfilter vor Kondensatausfall zu schützen, müssen sie bei Temperaturen über 130 °C betrieben werden. Zudem muss abhängig vom Filtermaterial eine Temperaturobergrenze eingehalten werden. Der energetische Eigenbedarf filternder Abscheider setzt sich zusammen aus dem Druckverlust, der üblicherweise im Bereich von 10 bis 15 mbar liegt, und dem Energiebedarf der Reinigungseinrichtung. [28, 30, 78]

Eine Kombination aus Zyklon und filterndem Abscheider stellt der Drehpartikelabscheider dar, der einen rotierenden Gewebefilter in den Reingasstrom des Zyklons integriert und auf diese Weise deutlich höhere Abscheideleistungen erreicht. Der energetische Eigenbedarf setzt sich aus der Summe der Druckverluste über den Zyklon und den Filter, der Antriebsleistung des Motors für die Rotation des Filters und die Abreinigung zusammen. [15]

In elektrischen Abscheidern, auch Elektrofilter genannt, wird das hindurchströmende Gas durch eine Hochspannung zwischen 10 und 80 kV, die zwischen Sprüh- und Niederschlagselektrode anliegt, ionisiert. Die rauchgasgetragenen Partikel werden von den negativ geladenen Gasmolekülen aufgeladen und an der Niederschlagselektrode abgeschieden. Es bildet sich eine Staubschicht, die durch elektrostatische Kräfte und Van-der-Waals-Kräfte aufrechterhalten wird. Die Staubschicht wird nass oder trocken mechanisch abgereinigt, wenn der elektrische Widerstand über die Staubschicht zu groß wird. Elektrofilter werden als Rohr- oder Plattenabscheider ausgeführt. Die einfachste Ausführung eines Elektrofilters, die als Sekundärmaßnahme an Kleinfeuerungsanlagen eingesetzt wird, ist eine Sprühelektrode, die zentriert axial im Rauchgaskanal angeordnet ist und die Wand des Kanals als Niederschlagselektrode nutzt. Elektrische Abscheider müssen bei Temperaturen über 130 °C betrieben werden, um die Kondensation von Wasser im Abscheider zu vermeiden. Der energetische Eigenbedarf setzt sich aus dem elektrischen Leistungsbedarf der Hochspannungsversorgung und der Abreinigungsvorrichtung von etwa $0,05$ bis $2\,{}^{\mathrm{kWh}}/_{1000\,\mathrm{m^3(i.N.f.)}}$ sowie dem geringen Druckverlust von $0,3$ bis 4 mbar zusammen. [28, 30, 54, 78]

Nassabscheider oder Wäscher binden Partikel in einer Flüssigkeit, zumeist Wasser, oder an deren Oberfläche. Das Rauchgas wird anschließend in Massenkraftabscheidern von der Flüssigkeit getrennt. Um eine große Kontaktfläche zwischen Rauchgas und Flüssigkeit zu schaffen, wird entweder das Rauchgas fein verteilt durch ein Flüssigkeitsbett geblasen, die Flüssigkeit im Rauchgas zu Tröpfchen dispergiert oder es werden feste Einbauten, durch die der Gasstrom geführt wird, mit der Flüssigkeit berieselt. Durch eine hohe Relativgeschwindigkeit zwischen flüssiger und gasförmiger Phase kann der Stoffübergang verbessert werden.

Die Abscheidung der Partikel wird ebenfalls durch die Kondensation von Rauchgasbestandteilen beim Kontakt mit der kälteren Flüssigkeit begünstigt [54].

Häufig eingesetzte Nassabscheider sind die so genannten Venturiwäscher, in denen die Waschflüssigkeit bei sehr hohen Gasgeschwindigkeiten am engsten Querschnitt des Venturirohrs eingedüst wird. Der große Geschwindigkeitsunterschied zwischen den Phasen führt zu einer feinen Zerstäubung der Flüssigkeit, einer hochturbulenten Strömung und somit zu einer hohen Abscheideleistung. [28, 54, 78]

Der Energiebedarf von Nassabscheidern ergibt sich aus dem Druckverlust der Gasströmung, der je nach Zerstäubungs- und Turbulenzgrad zwischen 30 und 200 mbar liegt, und der Pumpenleistung von etwa $1,5$ bis $6\,{}^{\mathrm{kWh}}/_{1000\,\mathrm{m^3(i.N.f.)}}$, die für den Transport der Flüssigkeit benötigt wird. Die Waschflüssigkeit muss nach der Verwendung entsorgt werden. [28, 71, 78]

Eine Kombination aus Rauchgaswäscher und Wärmerückgewinnung, die den so genannten „Brennwerteffekt“ nutzt, sind Rauchgaskondensationsanlagen, in denen das Rauchgas zumeist durch Direktkühlung mit Wasser unter den Wassertaupunkt abgekühlt wird. Als Wärmesenke für die niederkalorische Energiespanne, die mit Rauchgaskondensationsanlagen ausgenutzt wird, werden Systeme zur Brauchwasservorwärmung und Verbrennungsluftvorwärmung genutzt. Durch die zusätzliche Wärmeauskopplung kann der thermische Wirkungsgrad der Anlage z. T. auf über 98 % bez. a. H_u angehoben werden [30]. Das Wasser, das direkt in das Rauchgas eingedüst wird, führt einerseits zu einer effizienten Kühlung, andererseits werden dadurch ähnlich wie bei Nassabscheidern Partikel aus dem Rauchgas ausgewaschen, sodass eine Reduktion der Partikelmassenbeladung um 30 bis 50 % möglich wird. Das Kondensat bzw. die Waschflüssigkeit muss nach der Verwendung entsorgt werden [46].

In Tabelle 2.2 sind die maßgeblichen Betriebsparameter der Abscheidetechnologien Zyklon, Abreinigungsfilter, Elektrischer Abscheider und Nassabscheider zusammengefasst und vergleichend gegenübergestellt.

Filternde und elektrische Abscheider haben die höchsten Abscheidegrade aber gleichzeitig auch die höchsten Investitions- und Betriebskosten. Obwohl ihr Einsatz Einschränkungen an die Temperatur und die Geschwindigkeit des Rauchgases stellt, die u. U. mit weiterem Betriebsaufwand verbunden sind, stellen sie die einzige Möglichkeit dar, auch sehr feine Partikel abzuscheiden. Tabelle 2.2 stellt den Einsatzbereich der Abscheidetechnologien gegenüber. In Abbildung 2.1 sind die Fraktionsabscheidegrade der oben beschriebenen Abscheidetechnologien über der Korngröße der Partikel dargestellt. Selbst die Wäscher zeigen im relevanten Durchmesserbereich stark fallende Abscheidegrade und sind bei Partikelgröße $< 0,5\,\mu\mathrm{m}$ nahezu unwirksam. Eine signifikante Partikelabscheidung scheint nur mit elektrischen oder filternden Abscheidern (Oberflächenfiltern) möglich zu sein.

Tabelle 2.2: Vergleich unterschiedlicher Abscheidetechnologien anhand typischer Betriebsparameter (+: positiv, O: neutral, -: negativ)

Parameter	Dimension	Zyklon	Abreinigungs-filter	Elektrischer Abscheider
d_{p50}	µm	~ 5	~ 0,1	~ 0,1
Spezifischer Energiebedarf	$^{kWh}/_{1000\,m^3}$ (i.N.f.)	0,2 ... 0,5	0,1 ... 1,5	0,05 ... 2,0
Druckbereich	bar	0,01 ... 100	-	0,3 ... 3
Temperatur-bereich	°C	< 1100	130 ... 250 (400)	130 ... 450
Druckverlust	mbar	5 ... 30	10 ... 15	0,3 ... 4
Staubgehalt Rohgas	$^{g}/_{m^3}$ (i.N.tr.)	-	< 100	3 ... 30 (100)
Staubgehalt Reingas	$^{mg}/_{m^3}$ (i.N.tr.)	> 150	< 30	> 20
Abscheidegrad	%	85 ... 95	> 99	95 ... 99,9
Gasgeschwindigkeit	$^{m}/_{s}$	10 ... 30	< 0,02 ... 0,2	0,5 ... 4
Investitions-kosten	-	+	-	-
Betriebskosten	-	+	O	O
Wartungs-aufwand	-	+	-	-
Quellen		[28, 45, 46]	[28, 46, 52, 78]	[28, 53, 78]

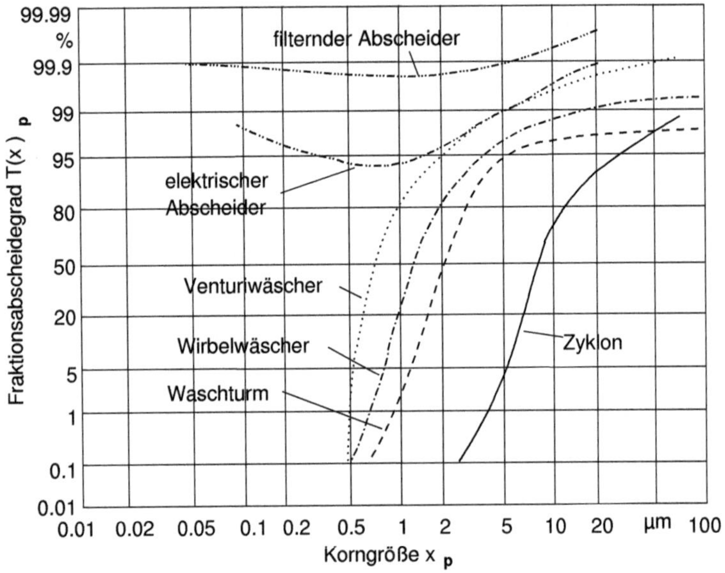

Abbildung 2.1: Einsatzbereich von Partikelabscheidern nach [46]

2.2 Brennstoffeigenschaften

Da es sich bei der Rohbiomasse um einen natürlichen Brennstoff handelt, ist die Schwankungsbreite der chemischen und physikalischen Eigenschaften groß. Sie werden von der Pflanzenart und -sorte sowie einigen Umgebungsparametern während der Wachstumsphase, wie u. a. Bodenqualität und Nährstoffangebot, bestimmt.

Bezüglich der Partikelemissionen haben neben Wassergehalt und Verbrennungsgestaltung vor allem die Alkali- und Erdalkalimetalle direkten und indirekten Einfluss. Zum einen hängt das Ascheschmelzverhalten und damit die Verbrennungsqualität und die Emission unverbrannter Kohlenwasserstoffe von ihnen ab, zum anderen bilden Salze der Alkalimetalle einen großen Teil der emittierten anorganischen Partikelfraktion. Auch die physikalische und morphologische Struktur der Biomasse sowie die physikalische Aufbereitung des Brennstoffs, z. B. als Pellet, haben einen Einfluss auf die Verbrennungseigenschaften und damit auch auf die Partikelemissionen.

2.2.1 Aufbau von Biomassen

Hauptbestandteile der Biomassen sind Cellulose, Hemicellulose und Lignin. Lignin ist ein dreidimensional verkettetes Kohlenhydratpolymer mit aromatischen und phenolischen Gruppen und sorgt mit einer holzartigen Struktur für die Stabilität der Pflanzenzellen. In die Ligninmatrix eingebettet sind Cellulose- und Hemicellulosefibrillen, die der Zellwand als dehnbare Fasern Elastizität und Zugfestigkeit verleihen. Sie gehören zur Gruppe der Polysaccharide, die aus Ketten von Kohlenwasserstoffen mit Carboxyl- und Hydroxylgruppen bestehen.

Holz weist im Vergleich zu Stroh- und Getreidebrennstoffen mit ca. 30 % den größten Massenanteil an Lignin und mit ca. 42 % den größten Massenanteil an Cellulose auf (siehe Tabelle 2.3). Etwa ein Viertel der Masse von Fichtenholz ist auf Hemicellulose zurückzuführen. Bei Weizenstroh besteht der größte Massenanteil aus Hemicellulose mit 37 %, gefolgt von Cellulose mit 32 %. Lignin erreicht Werte um 18 %. Getreidekörner bestehen zu etwa zwei Dritteln aus Hemicellulose. Cellulose stellt 20 % der Masse und Lignin findet sich zu ca. 6 % hauptsächlich in der Fruchtschale der Körner.

Weitere Bestandteile der Pflanzenstruktur sind Pektine und Proteine. In deutlich kleineren Anteilen finden sich Salze der Alkalimetalle in den Pflanzen, die als Nährstoffe für den Stoffwechsel benötigt werden [22]. Die Alkalimetalle werden dabei nur zu etwa 13 % an z. B. Carboxyl-Gruppen in der Biomasse gebunden [79, 88], und verbleiben zum größten Teil als Salze in Form von Chloriden oder Malaten[2] in der organischen Matrix [47].

[2] Salze der Apfelsäure: $C_4H_4O_5^{2-}$

Tabelle 2.3: Mittlere Massenanteile der Bestandteile verschiedener trockener Biomassen [50]

Biomasse	Fichte	Weizenstroh	Getreide
Cellulose	42 %	32 %	20 %
Hemicellulose	24 %	37 %	65 %
Lignin	30 %	18 %	6 %
Sonstige	4 %	13 %	8 %

2.2.2 Thermische Zersetzung von Biomasse

Die Zersetzung der Biomasse erfolgt bei der Verbrennung in mehreren Schritten, die in verschiedene Temperaturbereiche gegliedert werden können. Je nach Korngröße des Brennstoffs kommt es aufgrund der unterschiedlichen Zeitkonstanten zur zeitlichen Überlappung der Verbrennungsphasen.

Nach der Aufheizung und Trocknung des Brennstoffs im Temperaturbereich bis etwa 150 °C bis 200 °C beginnt mit der Ausgasung der flüchtigen Bestandteile die Pyrolyse- und Vergasungsphase der Verbrennung. Bei unterstöchiometrischem Sauerstoffangebot (Vergasung) oder lokal ohne Sauerstoff (Pyrolyse) geht ein Großteil der Brennstoffmasse im Temperaturbereich von ca. 200 °C bis 500 °C in die Gasphase über. Während der abschließenden Oxidationsphase bei Temperaturen von ca. 400 °C bis lokal etwa 1300 °C reagieren die Brenngase und das Biomassekoks mit Sauerstoff. Innerhalb der Verbrennungsphasen findet zunächst die Zersetzung der Hemicellulose im Temperaturbereich von ca. 200 °C bis 280 °C statt. Die Auflösung der Cellulosefasern beginnt bei ca. 260 °C und reicht bis hin zu Temperaturen um 400 °C. Der Zersetzungsbereich des Lignins erstreckt sich von etwa 300 °C bis hin zu 700 °C. [46]

2.2.3 Freisetzung von Alkalisalzen bei der Verbrennung

Entsprechend ihrer Bindung in der Biomasse wird eine bimodale Freisetzung der Alkalisalze bei der Pyrolyse unterschiedlicher Biomassen über einen Temperaturbereich von 100 °C bis 1000 °C beobachtet: das erste Maximum der Verdampfung der Alkalisalze wird zwischen 300 und 400 °C gemessen, das Zweite über einen weiten Temperaturbereich oberhalb von 600 °C [21, 88].

Das erste Maximum fällt in den Temperaturbereich, in dem Hemicellulose (um ca. 230 °C) und Cellulose (um ca. 325 °C) thermisch zersetzt werden [13, 59, 21]. Im Temperaturbereich des zweiten Maximums liegen der weite Zersetzungsbereich des Lignins sowie die Schmelztemperaturen der Alkalisalze (KCl: 770 °C

[38], NaCl: 801 °C [38], $NaSO_4$: 884 °C [2], K_2SO_4: 1069 °C [2]). In Übereinstimmung mit den Schmelztemperaturen der Alkalichloride bzw. -sulfate ist die Freisetzung der Alkalisalze auch von den Anionen abhängig. In Verbindung mit Chlorionen werden zwei- bis vierfach höhere Übergangsraten in die Gasphase beobachtet als in Verbindung mit Sulfationen und die Freisetzung beginnt bereits bei niedrigeren Temperaturen [20, 22]. Allerdings ist die Verdampfung der Alkaliverbindungen nicht strikt an die Zersetzungstemperatur der Biomassestrukturen gebunden, da die Anwesenheit von Alkali- und Erdalkalimetallen die Temperatur herabsetzt, bei der die thermische Zersetzung einsetzt [13]. Abhängig vom Alkaligehalt im Brennstoff findet die größte Zersetzungsaktivität von Cellulose im Bereich von 305 °C bis 360 °C statt [13].

Je nach Feuerraumbedingung werden bei Holz etwa 12 % des Brennstoffelementargehalts an Kalium, 18 % des Natriums und 54 % des Zinks in den Partikelemissionen wieder gefunden [85]. Für Schwefel und Chlor reichen die Umsatzraten bis zu 43 % bzw. 66 % [19].

Einfluss der Biomassebestandteile auf die Partikelemissionen

Für die umfangreiche Freisetzung von Alkalimetallverbindungen während der Verbrennung sind relativ hohe Temperaturen notwendig, um einerseits das Lignin der Biomassestruktur vollständig zu zersetzen und um andererseits die Alkalisalze in die Gasphase zu überführen. Findet keine vollständige Zersetzung der organischen Matrix statt, verbleiben Alkalisalze in den unverbrannten bzw. teilverbrannten Verbrennungsrückständen. Sind die Temperaturen in der Brennkammer also zu niedrig, werden die Umsatzraten der anorganischen Biomassebestandteile in das Partikelkollektiv unter dem Maximum liegen. Niedrige Temperaturen und unvollständiger Ausbrand begünstigen jedoch die Emission unverbrannter Kohlenwasserstoffe, die als Rußpartikel Eingang in die Partikelphase finden. Bei nicht ausreichenden Brennraumtemperaturen lassen sich also für ligninreiche Biomassen höhere organische Partikelfraktionen prognostizieren als für Biomassen mit hohen Hemicellulose- und Celluloseanteilen.

2.2.4 Brennstoffproduktion und -aufbereitung

Der Gehalt an partikelbildenden Bestandteilen von Biomassen, d. h. hauptsächlich der Elemente K, Na, P, S, Cl, hängt neben der Pflanzenart und -sorte vor allem vom natürlichen und künstlichen Nährstoffangebot für die Pflanzen ab [9]. Für das Wachstum notwendige Nährstoffe stehen den Pflanzen durch im Boden vorhandene Minerale, durch atmosphärische Disposition und hauptsächlich durch gezielte Düngung zur Verfügung. Die Kernnährstoffe Stickstoff, Phosphor und Kalium werden in großen Menge zugegeben, Sekundärnährstoffe, z. B. Mg, Ca, S, und

Mikronährstoffe (Mn, Fe, Cu, Zn) in geringeren Mengen. Obwohl der direkte Einfluss von Chlor, Natrium und Silizium als Nährstoffe nicht explizit nachgewiesen ist, werden diese Stoffe dennoch gezielt oder als Nährstoffträger zugeführt und aufgenommen. [34]

Während der Schwefelgehalt im Brennstoff relativ unabhängig vom Sulfatangebot während der Wachstumsphase ist, lässt sich der Chlorgehalt durch die Substitution eines chloridbasierten Düngers durch einen sulfatbasierten Dünger deutlich senken. Ein chloridbasiertes Düngemittel verursacht etwa die zwei- bis vierfache Alkalifreisetzung während der Verbrennung als ein sulfatbasiertes [34].

Weiterhin ist der Mineralgehalt im Brennstoff von der Wahl des Erntezeitpunkts abhängig. Zum einen werden Nährstoffe bedingt durch die Seneszenz, den natürlichen Alterungsprozess, innerhalb der Pflanze von den Blättern zu den Wurzeln verlagert [9], zum anderen führen Niederschläge bei reifen halmgutartigen Pflanzen bereits in diesem Zustand zu Auswaschungen von Nährstoffen [9, 34].

Die gezielte Auswaschung, bzw. Ablaugung von Salzen aus der Biomasse ist nach der Ernte möglich. Bei Stroh lässt sich durch eine verlängerte Feldliegezeit nach der Ernte mit natürlichen Niederschlägen eine Minderung des Kaliumgehalts von bis zu 70 % erreichen [34, 40, 41]. Mit anschließender (mechanischer) Trocknung des Brennstoffs kann diese Technik auch in stationären Aufbereitungsanlagen eingesetzt werden [34]. Bei Holz wurden auf diese Weise in einer Testanlage bis zu 35 % der Alkalimetalle ausgewaschen, bei Stroh waren es unabhängig vom Anion bis zu 95 % [40, 41].

Da die Mineralstoffe und Alkalimetalle beim Aufbau der Biomasse in erster Linie in den Blättern und schnell wachsenden Strukturen der Pflanzen benötigt werden, wo sie für Stoffwechselprozesse zur Verfügung stehen, bestimmt die Wahl des für den Brennstoff verwendeten Pflanzenteils den Aschegehalt und die Elementarzusammensetzung und somit das Emissionsverhalten.

Insbesondere halmgutartige Brennstoffe aber auch Hölzer werden durch Pelletierung oder Brikettierung für Transport und Lagerung aufbereitet. Dabei werden die Brennstoffe durch thermische Beanspruchung oder Zuschlagsstoffe verändert. Üblicherweise wird das brennstoffeigene Lignin, das durch die hohen Temperaturen, die durch die Reibung des Brennstoffs in den Presskanälen der Pelletiermaschinen entstehen, teilweise verflüssigt wird, als Bindemittel für die Presslinge verwendet [62, 64]. In einigen Fällen wird als Bindemittel zusätzlich Stärke, pflanzliches Paraffin oder naturbelassene Melasse zugemischt [34]. Nicht nach der 1. BImschV zugelassene Zuschlagstoffe, die sich zumeist auf die Verbrennungseigenschaften aber auch auf die Abriebfestigkeit auswirken, sind u. a. Getreidemehl, Ligninsulfonate, Branntkalk oder Kaolin [34]. Branntkalk und Kaolin werden zugemischt um den Ascheschmelzpunkt des Brennstoffes anzuheben [89]. Kalk wird außerdem in Verbindung mit Gewebefiltern eingesetzt, um gasförmige Schadstoffe, wie u. a. Quecksilber, Dioxine, Furane und Chlorwasserstoffe, zu binden und abzuscheiden [30]. Da die Beimischung von Kaolin ($Al_2Si_2O_5(OH)_4$) zur Einbindung der Alkalien in die Aluminium-Silikat-Makromoleküle führt, können dadurch außerdem die Massenemissionen der Klasse $PM_{2,5}$ um bis zu 60 % gesenkt werden [89, 7]. Die Alkalimetalle finden sich dann zusammen mit den Aluminium-Silikaten in der groben Partikelfraktion, der Bettasche, wieder [7]. Branntkalk dagegen erhöht die Masse Feinpartikelfraktion in der Größenordnung von etwa 30 % [89].

Als Maßnahmen, die Partikelemissionen durch Konditionierung des Brennstoffs vor der Verbrennung zu senken, bieten sich also die durch die notwendige Trocknung energieintensive Ablaugung der Alkalisalze oder die Zugabe von Alkali-extrahierenden Lösungen an. Vorteil der Ablaugung kann eine mögliche Rückgewinnung und weitere Nutzbarmachung der Nährstoffe sein.

2.3 Partikelentstehung

Abhängig vom Weg, auf dem die Partikel in die disperse Phase übergehen, kann zwischen anorganischen Kondensaten, organischen Kondensaten und Rußpartikeln sowie schwerflüchtigen bzw. unverbrannten Brennstoffbestandteilen unterschieden werden.

Anorganische Kondensate, die aus den Salzen der Alkalimetalle bestehen, stellen bei ausreichender Verbrennungsqualität die wichtigste Partikelgruppe dar. Rußpartikel und Kondensate organischer Strukturen aus unvollständiger Verbrennung sind abhängig von der Ausbrandqualität und Feuerungsführung. Schwerflüchtige Bestandteile der Partikelfraktion sind Verbindungen, die mit dem Rauchgasstrom in ihrem vorliegenden Aggregatszustand aus der Bettasche mitgerissen werden. Dabei handelt es sich zumeist um Silikate oder Metalloxide. Sie stellen den geringsten Anteil der gesamten Partikelemissionen.

2.3.1 Anorganische Kondensate

Einen entscheidenden Anteil der anorganischen Partikelemissionen stellen Salze der Alkalimetalle. Das bestimmende Element ist dabei Kalium, auf das bis zu 50 Gew-% der $PM_{2,5}$-Fraktion zurückgehen [63, 19]. Aufgrund der verschiedenen Bindungen der Alkalimetalle in der Biomasse werden sie während unterschiedlicher Phasen der Verbrennung und in unterschiedlichen Temperaturbereichen freigesetzt.

Etwa 0,1 bis 0,5 % des insgesamt freigesetzten Kaliums geht bereits bei der Entgasung der Flüchtigen im Temperaturbereich von 200 bis 400 °C in die Gasphase über [48, 23, 21, 88]. Erst bei der Verbrennung des Kokses bei Temperaturen oberhalb von 600 °C zersetzt sich auch die Ligninstruktur der Biomasse so weit, dass Alkalisalze, die während der Trocknung in der Biomassematrix kristallisiert sind, in die Gasphase diffundieren können. Abhängig von der Art der Anionen, aber auch anderer Elemente, die als Katalysatoren dienen können, wie z. B. vorrangig Silizium, geht Kalium schon ab 700 bis 800 °C als Kaliumchlorid (KCl) in die Gasphase über [48, 23, 88]. Parallel beginnt in feuchter Atmosphäre die Dissoziation von Kaliumcarbonat (K_2CO_3), als dessen Folge Kaliumhydroxid (KOH) verdampft [48, 88]. Kaliumsulfat (K_2SO_4) hat einen deutlich höheren Schmelzpunkt als KOH und KCl und kann daher erst bei Temperaturen oberhalb von 900 °C zur Kaliumfreisetzung beitragen. Da der Sättigungsdampfdruck von K_2SO_4 bei üblichen Glutbetttemperaturen von ca. 800 bis 1000 °C um Größenordnungen geringer ist als der von KOH und KCl, findet der Transport von Kalium in die Gasphase hauptsächlich durch die Verdampfung von KOH und KCl statt. [48, 23, 39].

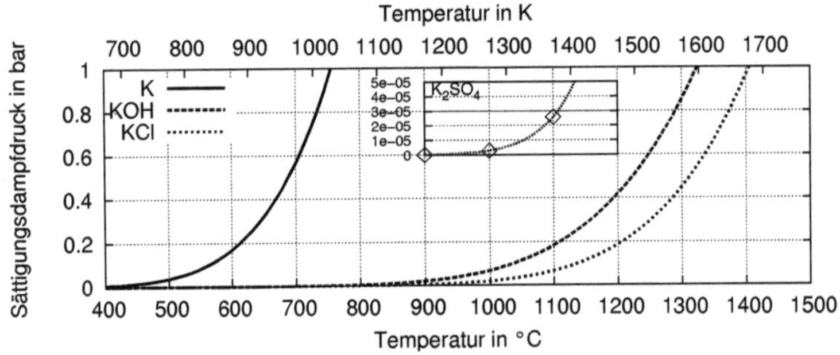

Abbildung 2.2: Sättigungsdampfdrücke ausgewählter Kaliumverbindungen in Abhängigkeit von der Temperatur nach [75, 39]

Abbildung 2.2 zeigt die Sättigungsdampfdrücke der reinen Stoffe K, KOH, KCl und K_2SO_4. Im komplexen realen System wird die Freisetzung der Kaliumverbindungen allerdings schon bei niedrigeren Temperaturen vor allem in Anwesenheit von Silizium und Erdalkalimetallen beobachtet. Oberhalb von 600 °C findet verstärkt die Kaliumeinbindung in die Siliziummatrix der Biomasseasche statt, wodurch sich die Stabilität des K_2SO_4 verringert und SO_2 freigesetzt wird. Um die Siliziumbindung konkurrierende Erdalkali-Ionen begünstigen entsprechend die Freisetzung der Kaliumverbindungen [48].

Für die Bildung von K_2SO_4 in den Mengen, wie es in der emittierten Partikelmasse gefunden wird, sind folglich Gasphasenreaktionen bei Temperaturen im Bereich von 1200 bis 1300 °C in der Flammenzone oberhalb des Glutbetts erforderlich. Auf welchem Weg K_2SO_4 in der Gasphase gebildet wird, ist nicht abschließend belegt. Als mögliche Mechanismen werden die Reaktionen der Kaliumverbindungen KOH und KCl mit Schwefeldioxid (SO_2) [36] oder mit Schwefeltrioxid (SO_3) [18, 32], gefolgt von Austauschreaktionen mit Wasser (H_2O) bzw. KCl vorgeschlagen. Der geschwindigkeitslimitierende Schritt ist bei beiden Mechanismen die Oxidation, die für SO_2 zu SO_3 bei höheren Temperaturen abläuft als für $KHSO_3$ zu $KHSO_4$ (> 1200 °C bzw. 800 - 1000 °C) [36].

Während das Rauchgas nach der Verbrennung abkühlt, kondensieren die Alkalimetallverbindungen abhängig vom jeweiligen Sättigungsdampfdruck aus. Unterhalb einer kritischen Anzahl von Kondensationskeimen im Gas, die je nach Alkaliverbindung im Bereich von $5 \cdot 10^4$ bis $2 \cdot 10^5\,cm^{-3}$ liegt, kommt es innerhalb eines engen Temperaturbereichs zu homogener Nukleation der Salze. Die Partikelanzahl im Gas steigt abrupt an und es bildet sich eine Partikelmode [42]. Ist die Partikelkonzentration im Rauchgas größer als die kritische Konzentration, kondensieren die Salze an den bereits vorhandenen Partikeln und vergrößern den mittleren Durchmesser der entsprechenden Partikelmode.

Je nach Brennstoff und Feuerungsbedingungen bzw. Partialdruck der Alkaliverbindungen sind unterschiedliche Temperaturbereiche für die Kondensation der Alkalisalze dokumentiert. Für K_2SO_4 reichen sie von 1000 bis 900 °C [85, 44, 72] bis hin zu 875 bis 750 °C [18], für KCl wurden Temperaturen von 700 bis 500 °C beobachtet [85, 18, 67, 44]. Der Kondensationsbereich von NaCl überschneidet sich mit dem von KCl [42]. Entsprechend wird zunächst die Nukleation von K_2SO_4-Partikeln mit einem mittleren Modendurchmesser von ca. $1,3$ bis $1,6\,nm$ beobachtet [18, 44]. Während der weiteren Abkühlung der Rauchgase kondensieren KCl-Moleküle größtenteils an den K_2SO_4-Partikeln [44].

2.3.2 Organische Kondensate und Rußpartikel

Die organische Partikelfraktion im Rauchgas besteht aus Kohlenstoff- bzw. Kohlenwasserstoffverbindungen, die üblicherweise als Ruß oder Teer bezeichnet werden. Bei der Verbrennung von kohlenwasserstoffhaltigen Brennstoffen entsteht Ruß, der vor allem dazu dient, den Wärmetransport durch Strahlung aus dem Bereich der Flammenfront zu gewährleisten. In idealen Diffusionsflammen erfüllt er seine Aufgabe und wird dann bei ausreichendem Sauerstoffangebot wieder vollständig oxidiert. Bei realen Feuerungen, selbst wenn sie überstöchiometrisch betrieben werden, geht ein Teil des Rußes in die organische Partikelfraktion des Rauchgases über, da der Verbrennungsprozess zumindest stellenweise unvollständig ist. Zum einen kann das Luftverhältnis trotz global ausreichend großer Luftzahl lokal unterstöchiometrisch sein, zum anderen kann es durch zu starke Flammenstreckung aufgrund von Turbulenzen, aber auch durch zu starken konvektiven oder transmissiven Wärmefluss aus der Flamme an kalte Wände oder Gaskörper zum Abbruch der Oxidationsreaktionen kommen [83].

Die Bildung von Ruß wird durch kurzkettige Kohlenwasserstoffradikale eingeleitet, die zu einem Kohlenwasserstoffring rekombinieren. Besonders Acetylen (C_2H_2) wird dabei eine wichtige Rolle zugesprochen [83], aber auch Vinylradikale (C_2H_3) kommen als Vorläufersubstanz in Frage [9]. Nach dem weithin akzeptierten "Hydrogen Abstraction Carbon Addition"-Mechanismus (HACA) beruht das weitere Wachstum zu polyzyklischen aromatischen Kohlenwasserstoffen (PAK) auf der Aktivierung bzw. Radikalisierung des Kohlenwasserstoffrings durch freie Wasserstoffatome, was die zusätzliche Addition von z. B. Acetylen ermöglicht [10, 83, 27, 31]. Es bildet sich zunächst Naphtalin ($C_{10}H_8$), das durch weitere Ringschlüsse zu einem PAK-Molekül wächst. Diese ersten Bildungsschritte finden verstärkt zwischen 1500 und 1800 K statt, da in diesem Temperaturbereich ausreichend Wasserstoffradikale zur Aktivierung vorhanden sind [83]. Fortgesetztes Ringwachstum und Koagulation bestehender PAK führt zur Rußkeimbildung. Ist eine kritische Konzentration von Rußkeimen im Gas erreicht, findet praktisch keine weitere Keimbildung statt, da sich die Vorläufersubstanzen an den Oberflächen der bestehenden Keime anlagern und zu vermehrtem Wachstum führen [9]. Auf diese Weise entstehen sphärische Primärpartikel mit einem Durchmesser von $20\,\mathrm{nm}$ bis zu $60\,\mathrm{nm}$ [43, 83]. Relativ unabhängig vom eingesetzten Brennstoff [76] werden dabei am häufigsten Partikeldurchmesser von ca. $30\,\mathrm{nm}$ beobachtet [77, 76, 24, 74]. Für Birkenholz wurden etwas kleinere Durchmesser von $25,5 \pm 3,5\,\mathrm{nm}$ gemessen [65].

Bei festen Brennstoffen, insbesondere Biomassen, können auch intakte aromatische Brennstoffkomponenten oder aromatische Strukturreste als Vorläufersubstanzen dienen [10]. Während die in Biomassen enthaltene Zellulose bei der Verbrennung schnell in CO und H_2 zerfällt, haben die Pyrolyseprodukte des temperaturstabileren Lignins aromatische Bestandteile, die in der Flammenzone z. T. nur unvollständig oxidieren und dann als Kondensationskeime und Kondensate dienen [27]. Dadurch finden auch eingebundene Sauerstoffgruppen ihren Weg in Rußpartikel aus Biomasse und sorgen für einen elektrisch polaren Charakter des Rußes [27].

In Grenzen haben die im Brennstoff enthaltenen Spurenelemente Einfluss auf die Bildung von Ruß. Chlor trägt zur Aktivierung der PAK bei, wodurch das Rußwachstum gefördert und die Partikelanzahl reduziert wird [31]. Alkalimetalle hingegen schränken das Wachstum durch Koagulation ein und begünstigen eine höhere Partikelanzahl. Sie sind in der Lage PAK zu ionisieren, durch Ladungsabstoßung der PAK-Moleküle kommt es dadurch zu weniger Kollisionen. Bei Anlagerung an PAK können Alkalimetalle eine katalytische Funktion übernehmen und den oxidativen Abbau der Rußpartikel beschleunigen [31].

Nach einer gewissen Verweildauer im Rauchgas nimmt die Reaktivität und damit die Koagulationsfähigkeit der Rußpartikel ab. Durch Diffusionsprozesse, hauptsächlich Turbulenzdiffusion, verbinden sich Ketten sphärischer Primärpartikel und bilden charakteristische Agglomerate, die bis in den sichtbaren Bereich von ca. 1 mm Durchmesser anwachsen können [10].

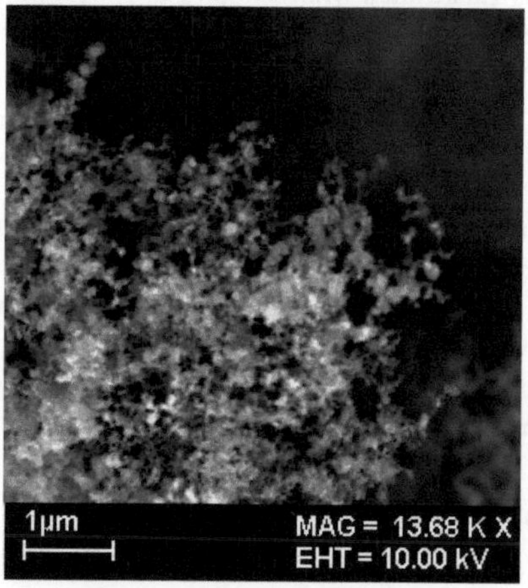

Abbildung 2.3: REM-Aufnahme von Rußagglomeraten, Brennstoff: HP, ELPI-Stufe 9

Obwohl die Geometrie dieser Rußagglomerate komplex und zufällig erscheint, hat sie charakteristische Merkmale und kann statistisch beschrieben werden. Als Maß für die statistische Verteilung der Masse im umhüllenden Raum dient die fraktale Dimension D_{fR}:

$$N_{PP} = k_R \cdot \left(\frac{d_A}{d_{PP}}\right)^{D_{fR}} \tag{2.1}$$

Dabei ist N_{PP} die Anzahl der Primärpartikel im Agglomerat, k_R eine Proportionalitätskonstante, d_{PP} der Durchmesser der Primärpartikel und d_A der Durchmesser der Agglomeratumhüllenden [24, 66]. Der Index R gibt das Agglomerationsregime (s. u.) an. Für Körper ohne Hohlraumvolumenanteil gilt $D_f = 3$, für nur eindimensional ausgedehnte Körper ist $D_f = 1$ und bei porösen Systemen ist $1 < D_f < 3$. Für Rußagglomerate werden zwei verschiedene Agglomerationsarten je nach Größe des Agglomerats, auch Cluster genannt, unterschieden. Im Größenbereich bis ca. $d_A < 300$ nm findet hauptsächlich Partikel-Partikel- oder Partikel-Cluster-Agglomeration statt [29]. Hier ist die Raumverteilung der Primärpartikel dichter, die fraktale Dimension beträgt zwischen $2,1$ [74] und $2,8$ [26] mit Schwerpunkt bei $D_{f1} = 2,5$ [24, 29]. Bei größeren Verbindungen herrscht die

Cluster-Cluster-Agglomeration vor [29]; es finden sich in der Literatur Werte im Bereich $D_{f2} = 1,6\ldots1,8$ [69, 24, 26, 77, 74, 70, 73, 66], die visuell mit Untersuchungen am Transmissions-Elektronen-Mikroskop (TEM) bestimmt wurden. Die Proportionalitätskonstante k schwankt abhängig vom Brennstoff, der Geometrie der Primärpartikel und von den Feuerungsbedingungen zwischen $0,95$ und $2,8$ [29, 70]. Für Holz wurden für dieses Agglomerationsregime bei einem Mobilitätsdurchmesser der Agglomerate zwischen 200 und 450 nm Werte von $D_{f2} = 1,83$ und $k_2 = 2,77$ bestimmt [65].

Die Dichte der Rußpartikel lässt sich aus der statistischen Anzahl der im Agglomerat enthaltenen Primärpartikel und ihrer Raumverteilung abschätzen. Mit hohen C/H-Verhältnissen von bis zu 7 [10] ist die Dichte der Primärpartikel ρ_{PP} nur wenig kleiner als die von Graphit. Sie wird in der Literatur mit ca. 2 g/cm^3 angegeben [69, 26, 74]. Die effektive Dichte des Rußagglomerats wird in Kapitel 3.1.2 in Abhängigkeit vom effektiven Partikeldurchmesser bestimmt.

2.3.3 Schwerflüchtige und unverbrannte Bestandteile

Bei automatischen Biomasse-Kleinfeuerungsanlagen besteht ein geringer Teil des Partikelkollektivs aus schwerflüchtigen bzw. unverbrannten Bestandteilen des Brennstoffs, die aus dem Glutbett oder der Asche mit dem Rauchgas mitgerissen werden. Dies sind zumeist relativ große Partikel mit mittleren aerodynamischen Durchmessern $> 3\,\mu m$ [14, 51], die hauptsächlich aus mineralischen Verbindungen (CaO, Al_2O_3 und SiO_2) bestehen [50]. Aber auch Biomassekoks und andere un- oder teilverbrannte Bestandteile des Brennstoffs können auf diesem Weg in die disperse Partikelphase im Rauchgas gelangen [50].

Die emittierte Partikelmasse ist abhängig von der Feuerraumgestaltung und den Gasgeschwindigkeiten in der Nähe des Glutbetts, übersteigt aber bei modernen kontinuierlich-automatisch beschickten Anlagen selten 10 % der Gesamt-Partikelmasse [35].

Im Rauchgas stellen die mitgerissenen Partikel relativ kalte Oberflächen dar, an denen andere organische und anorganische Rauchgasbestandteile adsorbieren oder kondensieren können [50].

3 Partikelemissionen

3.1 Messung der Partikelemissionen

3.1.1 Aufbau und Durchführung der Messungen

Die Partikelemissionen wurden durch die Verbrennung von den vier verschiedenen Biomassebrennstoffen Holzpellets, Roggenstrohpellets, Weizenkörnern und Gerstenkörnern in einer Kleinfeuerungsanlage erzeugt. Mit Hilfe eines Andersen Mark III Kaskadenimpaktors wurde die Massenkonzentration der Partikelemissionen nach VDI 2066-5 bestimmt, mit einem Dekati ELPI (Electrical Low Pressure Impactor) wurde die Anzahlkonzentration der Partikel in verschiedenen Größenklassen gemessen. Zur Verdünnung der Messgase wurde, wenn nötig, ein Dekati FPS (Fine Particle Sampler) eingesetzt. Als weitere Messgrößen wurden Betriebsdaten der Feuerungsanlage und des Heizkreises aufgenommen sowie die Konzentration der Gase CO, CO_2, O_2, NO_x, SO_2 im Abgas gemessen. Die Messstellen der Versuchsanlage sind in Abbildung 3.1 schematisch dargestellt.

Feuerungsanlage

Die eingesetzte Kleinfeuerungsanlage ist ein Prototyp, der im Rahmen eines B-MELV-Forschungsprojektes entwickelt wurde, um halmgutartige und Getreidebrennstoffe für die dezentrale Wärmeerzeugung nutzbar zu machen [86]. Die Anlage ist für eine Nutzwärmeleistung von 50 kW im Betrieb mit Holzpellets ausgelegt und kann automatisch betrieben werden. Neben den Betriebsparametern des Heizkreises, wie Wasservolumenstrom (Durchflusszähler, Turbinenprinzip) und Temperaturen an Vor- und Rücklauf des Kessels (Thermoelemente, PT100), wurden die Luftgeschwindigkeiten der eintretenden Primär- und Sekundärluftströme (Hitzdrahtanemometer) sowie die Rauchgastemperatur am Austritt der Anlage (Thermoelement, Typ K) gemessen.

Dem Weg des Brennstoffs bzw. der Rauchgase folgend, beginnt der Kesselaufbau mit der Brennstoffförderung aus einem Brennstofftank (siehe Abbildung 3.2). Der Brennstoff wird von einer Schnecke in einen Fallschacht oberhalb einer Zellradschleuse gefördert, die ihn auf die Stokerschnecke, die schließlich in den Brenner führt, zuteilt. Zur Dosierung des Brennstoffs werden die Förder- und Pausenzeiten der Schnecke eingestellt, die den Brennstoff aus dem Bunker austrägt. Sowohl Zellradschleuse als auch Stokerschnecke sind zur Rückbrandsicherung durchgängig in Betrieb. Der Brennstoff wird im Brenner mit der Verbrennungsluft, die mit einem Gebläse von unten durch den rampenförmigen Rost gedrückt wird, verbrannt. In der wassergekühlten Brennkammer findet eine weitere Zugabe von Sekundärluft statt. Im Feuerraum können Einbauten platziert werden, um die Verweilzeit und die Turbulenz der Rauchgase zu erhöhen.

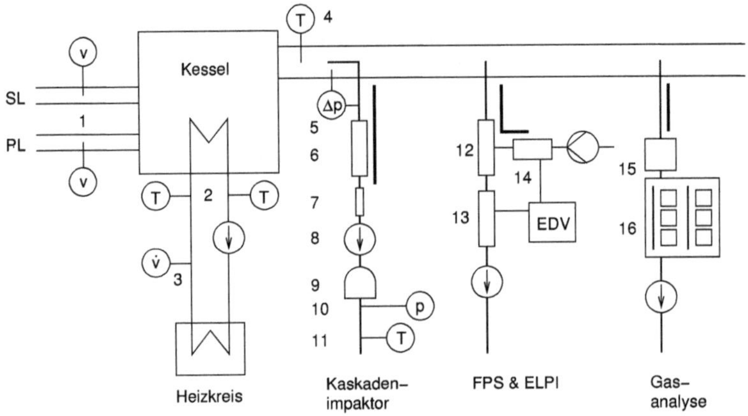

Abbildung 3.1: Schematische Darstellung der Versuchsanlage mit Messstellen: 1 Gasgeschwindigkeiten Primär- (PL) und Sekundärluft (SL), 2 Temperaturen Vor- und Rücklauf, 3 Volumenstrom Heizkreis, 4 Rauchgastemperatur, 5 Differenzdruck, 6 Kaskadenimpaktor, 7 Trocknung, 8 Pumpe, 9 Gasvolumenzähler, 10 Absolutdruck, 11 Temperatur, 12 Entnahme- und Mischsonde, 13 ELPI mit EDV und Pumpe, 14 FPS, 15 Gasaufbereitung, 16 Gasanalyse mit Messzellen

Im achtflutigen, wasserumschlossenen Wärmetauscher wird die Wärme auf die Wasserseite übertragen. Nach Durchströmen des Wärmetauschers vereinigen sich die Rauchgasströme in einer Sammelkammer, bevor sie durch den Abgasstutzen zum Rauchzug und Schornstein abgeführt werden.

Der Heizkreis der Versuchsanlage verfügt über einen geregelten Zwischenkreis, der für eine Anhebung der Rücklauftemperatur sorgt. Die übertragene Wärmeleistung wird über einen weiteren Wärmetauscher an einen Luftkühler und schließlich an die Umgebung abgeführt.

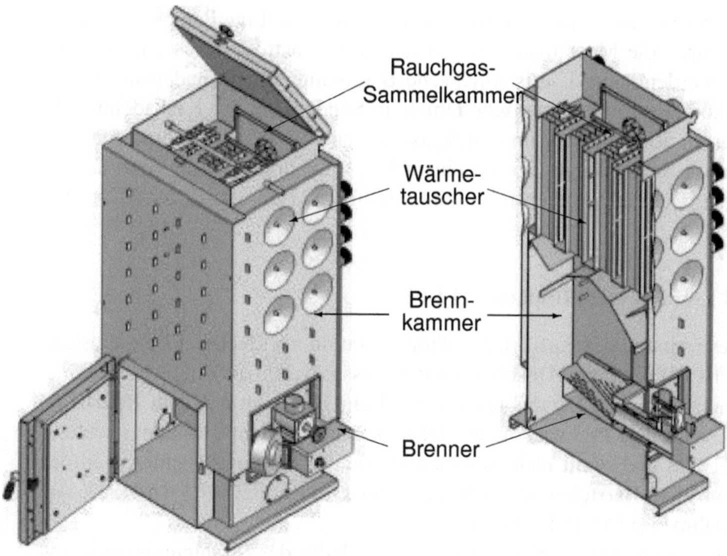

Abbildung 3.2: CAD-Ansicht der Prototyp-Anlage (links: ISO-Ansicht, rechts: ISO-Schnittansicht)

Andersen Kaskadenimpaktor

Mit Hilfe eines Andersen Mark III Kamingasimpaktors wurde die Staubmassenkonzentration des Rauchgases in acht verschiedenen Partikelgrößenklassen gravimetrisch nach VDI-Richtlinie 2066, Blatt 5 bestimmt. Die Gesamtstaubmasse wurde als Summe der impaktierten Massen berechnet.

Bei der Messung wird ein Teilstrom des Rauchgases isokinetisch mit Hilfe einer beheizten Sonde entnommen. Das Probegas wird durch die Düsenplatten des ebenfalls beheizten Impaktors sukzessive beschleunigt und die mitgeführten Partikel werden aufgrund ihrer Massenträgheit auf den folgenden Sammelplatten oder dem Endfilter abgeschieden. Je nach Rauchgasgeschwindigkeit liegt der Messbereich zwischen 0 und ca. 14 μm (aerodynamischer Partikeldurchmesser).

Die Masse der Partikelfraktionen wird mit einer Feinwaage als Differenzmessung zwischen beladener und unbeladener Sammelplatte mit einer Messgenauigkeit von $0,1$ mg bestimmt.

Nach Durchströmen des Impaktors wird das Rauchgas in einem Rückflusskühler abgekühlt und das ausfallende Kondensat gesammelt. Eine Pumpe fördert das Rauchgas durch die Messstrecke, wobei der Volumenstrom durch eine Drossel eingestellt werden kann. Um isokinetische Bedingungen am Sondeneintritt einstellen zu können, wird der statische Druck im Sondenkopf des Kaskadenimpaktors auf den statischen Druck im Rauchgaskanal eingestellt. Die Überprüfung der isokinetischen Bedingung findet mit einem Mikromanometer MEDM 5k der Fa. Airflow statt. Der Gasvolumenstrom wird mit einer Gasuhr der Elster AG Mainz bestimmt.

Electrical Low Pressure Impactor (ELPI)

Für die Bestimmung der Partikelanzahlkonzentration im Electrical Low Pressure Impactor (ELPI) der Firma Dekati muss der Messgasstrom aufbereitet werden.

Mit einer beheizten Entnahmesonde wird ein Teilstrom aus dem Rauchgaskanal angesaugt. Die Probenahme erfolgt senkrecht zur Hauptströmungsrichtung des Rauchgases und somit nicht isokinetisch, da das Partikelgrößenintervall des Messbereichs laut Hersteller ausreichend klein ist. In Kapitel 3.3.1 wird diese Art der Probenahme im Detail diskutiert.

Im Dekati FPS-4000 wird das Messgas mit Hilfe des Strahlpumpenprinzips mit Druckluft in einem zweistufigen Ejektor verdünnt und abgekühlt. Um Kondensation zu vermeiden ist die erste Verdünnungsstufe auf ca. 200 °C beheizt. Je nach Partikelbeladung des Rauchgases wurden Verdünnungsverhältnisse von ca. 1:10 bis 1:20 eingestellt. Die Betriebsdaten des FPS-4000, wie u. a. Verdünnungsverhältnis, Drücke, Temperaturen und Volumenströme an verschiedenen Stellen des Geräts, werden online protokolliert und für die Auswertung der Messdaten des ELPI verwendet.

Der verdünnte und abgekühlte Messgasstrom wird über einen elektrisch leitenden und geerdeten Kanal zum ELPI geführt, wo das partikeltragende Gas mit einer Korona-Sprühelektrode elektrisch geladen wird. Im folgenden Impaktorteil des Geräts, an dessen Auslass ein Absolutdruck von 100 mbar herrscht, werden die geladenen Partikel nach ihrer Masse klassiert und impaktieren auf den entsprechenden Impaktorstufen. Dort wird die Ladung der Teilchen gemessen und als elektrischer Strom ausgewertet. Durch den niedrigen Druck an der letzten Impaktorstufe ist es möglich, das Partikelspektrum in einem Bereich von 7 nm bis 9 μm aerodynamischen Durchmessers in 12 Größenklassen aufzulösen. Aus den elektrischen Stufenströmen, die als Rohdaten des Geräts online protokolliert werden, können die Partikelanzahlkonzentrationen berechnet werden, wie in Kapitel 3.1.2 näher erläutert wird. Es besteht die Möglichkeit, unterschiedliche Impaktionsplatten einzusetzen. Neben glatten Oberflächen wurden gesinterte „nuclepore" Platten und Auflagen aus Aluminiumfolie verwendet.

Die Daten des FPS-4000 und des ELPI werden mit einem Horiba SMA-371 Datenlogger (s. u.) aufgezeichnet und anschließend mit einem PC ausgewertet.

Rasterelektronenmikroskop (REM)

Für die qualitative und quantitative Untersuchung der im ELPI impaktierten Partikel wurde ein Rasterelektronenmikroskop (REM) des Typs Leo 1530 der Firma Zeiss verwendet. Das Gerät verfügt über eine Feldemmissionskathode mit Rückstreudetektor und bietet eine Auflösung von bis zu 1 nm, was einer Vergrößerung um den Faktor 700.000 entspricht.

Ohne weitere Behandlung konnten die beladenen Aluminiumsammelplatten des ELPI im REM untersucht werden. Die im Gerät integrierte energiedispersive Elementanalyse (EDX) der Firma Oxford mit SiLi Detector ermöglichte die Bestimmung der Elementarverhältnisse der impaktierten Partikel.

Abgasanalysesystem

Begleitend zur Messung der Partikelkonzentration wurden mit dem tragbaren Abgasanalysator Horiba PG-250 die Abgaskomponenten NO_x, SO_2, CO, CO_2, und O_2 simultan gemessen. Das Gerät arbeitet mit den Messprinzipien Chemilumineszenz (CLD) für die NO-Messung, nicht-dispersive Infrarotbestrahlung (NDIR) für die CO-, CO_2-, SO_2-Messung und einer galvanischen Zelle für die O_2-Messung. Dem Abgasanalysesystem ist eine Gasaufbereitung zur Trocknung und Kühlung des Messgases vorgeschaltet, die das Gas durch eine beheizte Entnahmesonde aus dem Abgaskanal entnimmt.

Zur Übertragung der Daten an den Datenlogger SMA-371 (ebenfalls Horiba) steht eine RS 232 Schnittstelle zur Verfügung. Mit dem Datenlogger, der die Messwerte in 15 s Intervallen mittelt, werden außerdem Temperaturen (PT100 und Typ K) und Luftgeschwindigkeiten (s. o.) aufgezeichnet.

3.1.2 Auswertungsprozedur der Messdaten

Um die Zusammensetzung und Größenverteilung der Partikelemissionen über das emittierte Größenspektrum bestimmen zu können, müssen die Daten der unterschiedlichen Messgeräte miteinander verknüpft werden.

Aus den Ergebnissen der energiedispersiven Röntgenspektroskopie lassen sich für die Impaktorstufen Stoffanteile $x_{i,n}$ bestimmen. Dabei ist i ein Stoff der Gruppe Kohlenwasserstoffe (Ruß, C_nH_m), KCl, K_2SO_4, KH_2PO_4, ... und n bezeichnet die Impaktorstufe. Die Messdaten des ELPI liefern den elektrischen Strom I_n je Impaktorgrößenklasse und mit $I_{i,n} = x_{i,n} \cdot I_n$ findet sich der gemessene elektrische Strom je Stofffraktion und Stufe. Durch die Dichte der Stoffe $\rho_{i,n}$ ist für jede Stofffraktion und Impaktorstufe der Stokesdurchmesser[3] $d_{\mathrm{St},i,n}$ festgelegt und die Rohdaten des Messgeräts können mit dem Verdünnungsfaktor Θ in Anzahlkonzentrationen $N_{i,n}$ überführt werden. Um die Ergebnisse zwischen den Stufen vergleichbar zu machen, wird mit $\mathrm{d}\log Dp = \log(d_{n+1}/d_n)$ auf die logarithmische Stufenbreite normiert. Die Massenkonzentration je Impaktorstufe und Partikelfraktion ist dann $M_{i,n} = d^3_{\mathrm{St},i,n} \cdot 1/6 \cdot \pi \rho_{i,n} \cdot N_{i,n}$. Daraus können sowohl die Massenverteilungen der Stofffraktionen $M_i(d_{\mathrm{St}})$ als auch die Massenverteilung des Partikelkollektivs als Superposition der Stoffmassenverteilungen $M(d_{\mathrm{St}})$ ermittelt werden.

Röntgenspektroskopische Bestimmung der Stoffanteile

Um die Stoffanteile der Impaktorstufen zu bestimmen, werden die Röntgenspektren der impaktierten Partikel aus der Analyse mit dem REM-EDX von der Herstellersoftware mit Standards verglichen. Diese quantitative Analyse liefert die Anteile der identifizierten Atome an der Gesamtanzahl. Durch den stöchiometrischen Vergleich können die Analyseergebnisse in Molanteile bekannter Stoffe überführt werden. Allein die Bestimmung des Wasserstoffs ist mit dieser Analyse nicht möglich, sodass der Anteil von Kohlenwasserstoffen anhand des gefundenen Kohlenstoffs und anhand von Beziehungen, die aus der Literatur bekannt sind, geschätzt wird.

Um eine statistische Aussage über die Stoffverteilung jeder Impaktorstufe treffen zu können, wurden für jeden Brennstoff und jede Impaktorstufe mindestens drei Impaktionskegel analysiert und jeweils mehrere röntgenspektroskopische Aufnahmen gemacht. Die Vergrößerung wurde dabei möglichst gering je nach Impaktorstufe etwa zwischen 250x bis 1000x gewählt, um einen Mittelwert über ein großes Probenvolumen zu ermitteln. Durch die unregelmäßige und ungleichmäßige geometrische Beschaffenheit der Proben konnten einige Analy-

[3] Stokesdurchmesser: Durchmesser des kugelförmigen, homogenen Vergleichskörpers mit der gleichen mittleren Dichte (Stokesdichte)

senergebnisse nicht berücksichtigt werden. Die Ergebnisse wurden insbesondere dann verworfen, wenn Kontrollmessungen mit starker Vergrößerung Stoffe zeigten, die in den Mittelwertmessungen nicht identifiziert wurden.

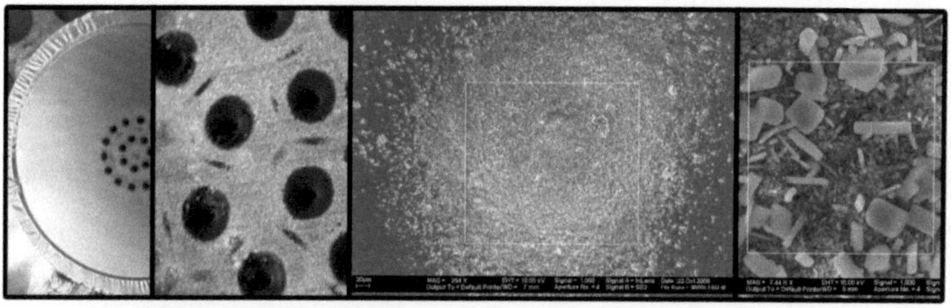

Abbildung 3.3: Impaktierte Partikel auf der ersten Stufe in verschiedenen Vergrößerungen: Foto der Sammelplatte ($d = 2{,}5\,\text{cm}$), Lichtmikroskopische Aufnahme der Impaktionskegel, REM-Aufnahme eines Kegels (294x, Rechteck ist Analysebereich) und Kontrollmessung mit starker Vergrößerung (7.440x) (v.l.n.r., Roggenstroh)

In Abbildung 3.4 sind beispielhaft die Impulsdiagramme für typische Partikelzusammensetzungen von Holzpellets (HP), Roggenstrohpellets (RP), Weizenkörnern (WK) und Gerstenkörnern (GK) dargestellt. Die Impulshöhen sind nicht direkt in Atomzahlen übertragbar, sondern müssen stoffabhängig anhand von Standards umgerechnet werden. Für die stöchiometrische Bestimmung der Molanteile wurden die Stoffe C, O, ggfls. Na, P, S, Cl und K berücksichtigt. Analog zu den erwarteten Partikelzusammensetzungen (vgl. Kap. 2.2 und 2.3) wurden aus diesen Atomkonzentrationen die Konzentrationen der resultierenden Verbindungen NaCl, $NaSO_4$, KCl, K_2SO_4, KH_2PO_4 und Ruß bzw. Kohlenwasserstoffe (C_nH_m) ermittelt. Die Messwerte, die von der Aluminiumsammelplatte erzeugt werden (Al, Al_2O_3), wurden nicht berücksichtigt.

Berechnung der Trennkorndurchmesser und Partikelanzahlkonzentration

Neben der Masse der Partikel ist die Klassierungseigenschaft des Kaskadenimpaktors abhängig von Eigenschaften der Gasströmung und den geometrischen Abmessungen der Impaktorstufen. Als dimensionslose, unveränderliche Kennzahl für die Abscheidecharakteristik der Impaktorstufe wird daher die Stokeszahl herangezogen, welche die Trägheitskraft eines Körpers mit seiner Widerstandskraft im umgebenden Fluid ins Verhältnis setzt. Gültig im Stokes-Bereich der zähen Partikel-Umströmung ($Re < 0{,}25$; $c_W(Re) = {}^{24}/_{Re}$) und mit dem halben Durchmesser der Impaktordüse d_D als charakteristische Länge, ist die Stokeszahl St folgendermaßen definiert [60]:

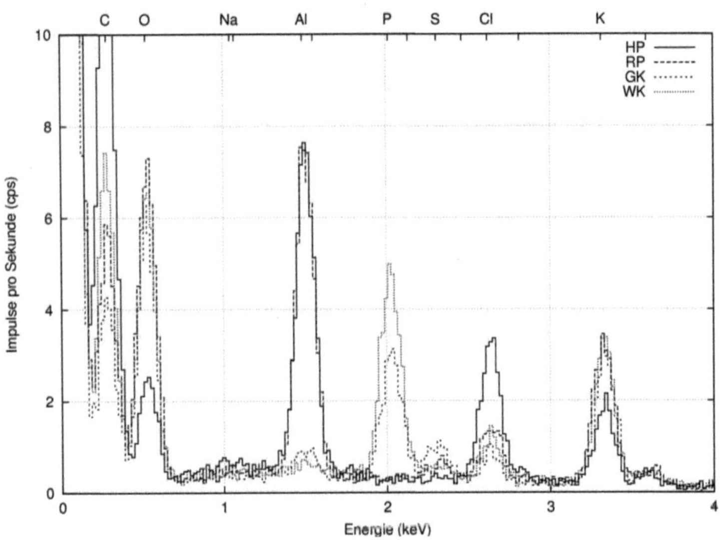

Abbildung 3.4: Typische Röntgenspektren von Proben der Brennstoffen HP, RP, WK, GK (3. Impaktorstufe) mit Angabe der K-α und K-β Energien relevanter Stoffe am oberen Rand des Diagramms

$$St = \frac{\rho_P \cdot d_P^2 \cdot v}{9 \cdot \eta \cdot d_D} \tag{3.1}$$

Diese Definition gilt für den Kontinuumsbereich der Strömung. Wenn die Partikelgröße im Bereich der freien Weglänge λ (Gl. (3.2)) der Gasmoleküle liegt, also die Knudsen-Zahl $Kn = {}^{2\lambda}/_{d_p}$ die Größenordnung 1 hat, muss die Stokes-Zahl um den Cunningham-Faktor (Gl. (3.3), [6]) korrigiert werden, um die Impulsübertragung der Trägergasmoleküle auf das Partikel zu berücksichtigen.

$$\lambda_0 = \sum Z_i \cdot x_i \cdot \frac{T_0}{p_0} \quad ; \qquad i = CO_2,\ O_2,\ N_2 \tag{3.2}$$

Die Konstanten Z_i in $^{bar}/_{K}$ sind 0,1433, 0,2349 und 0,2171 für CO_2, O_2 und N_2 bei Standardbedingungen ($p_0 = 1{,}01325\,\text{bar}$ und $T_0 = 298{,}15\,\text{K}$) [84].

$$\begin{aligned} C_C &= 1 + Kn \cdot \left(\alpha + \beta \cdot e^{-\frac{\gamma}{Kn}}\right) \\ &\alpha,\ \beta,\ \gamma = 1{,}142,\ 0{,}558,\ 0{,}999 \end{aligned} \tag{3.3}$$

Für ein typisches Rauchgas mit 13 % O_2 und 25 °C ist die mittlere freie Weglänge der Gasmoleküle ca. 68 nm (Gl. (3.2), [84]). Nach Gl. (3.3) ergeben sich für Partikeldurchmesser von $0{,}01 \ldots 10\,\mu\text{m}$ damit Cunningham-Faktoren zwischen 25,2 und 1,02, die mit der Stokes-Zahl multipliziert werden.

Die Kalibrationswerte des verwendeten Messgeräts sind als mittlere aerodynamische Trennkorndurchmesser d_{ae} mit $\rho_0 = 1\,^{g}/_{cm^3}$ für die Grenzen der Impaktorstufen vom Hersteller angegeben [25]. Die Umrechnung auf Stokesdurchmesser d_{St} erfolgt über die Stokes-Kennzahl der Stufen mit der Dichte der Partikel, der Viskosität des Trägergases und der Cunningham-Korrektur:

$$d_{St,i,n} = \frac{d_{ae,i,n}}{\sqrt{\frac{\rho_{i,n}}{\rho_0} \cdot \frac{\eta_{cal}}{\eta_{mess}} \cdot \frac{C_{C,St}(d_{St},T,p)}{C_{C,ae}(d_{ae},T,p)}}} \tag{3.4}$$

Da die mittlere freie Weglänge von Gastemperatur und -druck abhängt [6], ist auch der Cunningham-Faktor eine Funktion dieser Parameter, genauso wie die Viskosität des Trägergases η [6]. Im Bereich kleiner Partikeldurchmesser ($d_P \approx \lambda$, bzw. $d_P < \lambda$) ist η bis zu 11 % kleiner als im Standardzustand, der Cunningham-Faktor sinkt um ca. 1,5 % (vgl. Anhang 6.1).

Für jede Partikelfraktion lassen sich auf diese Art und Weise abhängig von ihrer Dichte die Trennkorndurchmesser der Impaktorstufengrenzen berechnen. Die mittleren Partikeldurchmesser je Impaktorstufe werden als geometrisches Mittel der Trennkorndurchmesser berechnet: $d_{i,n} = (d_{50,i,n} \cdot d_{50,i,n+1})^{1/2}$.

Die Aufladung der Partikel durch die Korona-Elektrode ist abhängig vom Partikeldurchmesser. Mit Hilfe der Kalibrationsdaten für die Partikelaufladung wird für jeden mittleren Stufenpartikeldurchmesser die transportierte Ladung $X(d_{i,n})$, korrigiert durch das Verhältnis von Messvolumenstrom $\dot{V}_{\text{mess}}$ zu Kalibrationsvolumenstrom $\dot{V}_{\text{cal}}$, bestimmt [25].

$$X_{i,n} = k \cdot d_{i,n}^{f} \cdot \frac{\dot{V}_{\text{mess}}}{\dot{V}_{\text{cal}}} \quad ; \quad \begin{cases} k = 5,941, \; f = 1,6370 & \text{für } d_{i,n} < 0,024\,\mu\text{m} \\ k = 1,819, \; f = 1,3201 & \text{für } d_{i,n} > 0,024\,\mu\text{m} \end{cases} \tag{3.5}$$

Die Stufenrohdaten $I_{i,n}$ können damit in Anzahlkonzentrationen umgerechnet werden: $N_{i,n} = I_{i,n}/X_{i,n}$.

Da es im Impaktor zu Fehlklassierungen kommt und Anteile feinerer Partikelfraktionen auf Impaktorstufen mit größeren Trennkorndurchmessern abgeschieden werden, wird vom Hersteller des ELPI ein Korrekturalgorithmus angewendet [56, 57, 8], der bei der Auswertung der vorliegenden Messungen benutzt wurde. Trotz der Korrektur kann es besonders dann zu großen Ungenauigkeiten im Bereich größerer Durchmesser kommen, wenn die Mehrzahl der Partikel im sehr feinen Bereich vorliegt [57] oder sehr hohe Konzentrationen um $1 \cdot 10^6\,{}^1/_{\text{cm}^3}$ gemessen werden [8]. Beide Kriterien sind für die betrachteten Messungen gegeben, wie in der Darstellung der Ergebnisse im folgenden Abschnitt deutlich wird. Für Messungen bei Verbrennungsprozessen werden daher üblicherweise nur die unteren neun Impaktorstufen [57] bzw. nur Partikeldurchmesser $< 8\,\mu\text{m}$ [58] berücksichtigt.

Berechnung der Partikeldichte

Während die Dichte für die anorganischen Partikelfraktionen über dem Partikeldurchmesser als konstant angenommen wird, da sich durch das Oberflächenwachstum der Kristalle keine Hohlräume ausbilden, ist die effektive Dichte der fraktalartigen Rußagglomerate vom Partikeldurchmesser abhängig (vgl. Kapitel 2.3.2). Die Masse der organischen Partikel wird bestimmt durch die Masse und Anzahl der enthaltenen Primärpartikel, die anhand ihrer fraktalen Dimension (D_{f}) abgeschätzt werden kann.

Die effektive Dichte bzw. Stokes'sche Dichte ρ_{St} der Agglomerate ist der Quotient aus Partikelmasse und Volumen des Stokes'schen Vergleichskörpers:

$$\begin{aligned} \rho_{\text{St}} &= \frac{m_{\text{P}}}{V_{\text{St}}} = \frac{N_{\text{PP}} \cdot \rho_{\text{PP}} \cdot \frac{1}{6}\pi d_{\text{PP}}^3}{\frac{1}{6}\pi d_{\text{St}}^3} \\ &= k_R \cdot \left(\frac{d_{\text{St}}}{d_{\text{PP}}}\right)^{D_{\text{fR}}} \cdot \rho_{\text{PP}} \cdot \frac{d_{\text{PP}}^3}{d_{\text{St}}^3} \end{aligned} \tag{3.6}$$

Sie ist nach oben begrenzt durch die Dichte der Primärpartikel, die hier mit $\rho_{PP} = 2\,g/cm^3$ angenommen wird (vgl. Kapitel 2.3.2), und nach unten durch $\rho_{min} = 0{,}06\,g/cm^3$ für unkomprimierte Agglomeratanhäufungen [76]. Der Durchmesser der Primärpartikel wird mit $d_{PP} = 25{,}5\,nm$ abgeschätzt [65]. Für die Agglomerationsregime gelten die Werte in Tabelle 3.1 , dabei ergibt sich k_1 aus der Forderung gleicher Primärpartikelanzahlen im Agglomerat am Regimeübergang, für den $N_{PP} = 60$ angenommen wird [24].

Tabelle 3.1: Parameter für die Berechnung der Anzahl der Primärpartikel in Rußagglomeraten

Regime	k	D_f	Quelle
1 (Partikel - Cluster)	0,961	2,46	implizit / [24]
2 (Cluster - Cluster)	2,77	1,83	[65]

Für die Stufentrennkorndurchmesser sowie die mittleren geometrischen Stufendurchmesser des ELPI bei Kalibrierbedingungen wurden die zugehörigen Agglomeratsdurchmesser $d_{St,i,n}$ sowie ihre Dichte $\rho_{St,i,n}$ und die Anzahl der enthaltenen Primärpartikel N_{PP} bestimmt. Dazu wurde das Gleichungssystem aus den Gleichungen (3.6), (3.4) und (2.1) iterativ für die Agglomerationsregime R_1 und R_2 ausgewertet.

In Abbildung 3.5 sind die effektive Dichte und die Anzahl an Primärpartikeln über dem Stokesdurchmesser der Agglomerate aufgetragen. Die effektive Dichte des Agglomerats nimmt mit zunehmendem Agglomeratsdurchmesser ab. Mit dem Wechsel des Agglomerationsregimes bei $N_{PP} = 60$ fällt die Dichte deutlich stärker mit zunehmendem Agglomeratsdurchmesser, was mit der vermehrten Hohlraumbildung in den Agglomeraten einhergeht. Ab einem Agglomeratsdurchmesser von ca. $300 - 400\,nm$ wachsen die Agglomerate nicht weiter, sondern agglomerieren ihrerseits. Diese größeren Rußagglomerate werden als statistisch gleichmäßige Verbindungen mehrerer Agglomerate betrachtet, deren Dichte konstant auf einem Minimalwert bleibt.

3.1.3 Analyse der verwendeten Brennstoffe

Die verwendeten Brennstoffe wurden hinsichtlich ihrer Wasser-, Flüchtigen- und Aschegehalte untersucht. Außerdem wurde der Heizwert bestimmt und es wurden Elementaranalysen durchgeführt. Der Wassergehalt wurde nach DIN 51718, der Flüchtigengehalt nach DIN 51720 und der Aschegehalt nach DIN 51719 mit einem Veraschungsofen der Fa. Nabertherm, Modell LV5, und einer Feinwaage

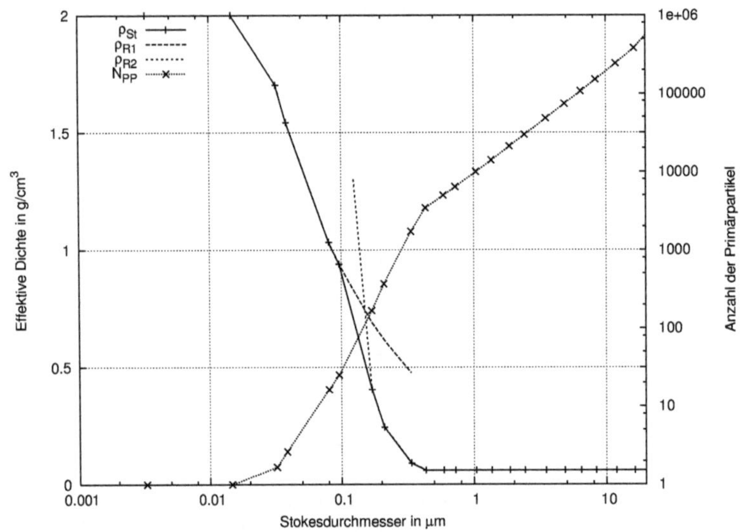

Abbildung 3.5: Effektive Dichte und Anzahl der Primärpartikel im Rußagglomerat über dem Stokesdurchmesser, berechnet für die Trennkorn- und mittleren Stufendurchmesser des ELPI bei Kalibrierbedingungen

bestimmt. In einigen Punkten wurden bei diesen Messungen von der DIN abweichende Methoden eingesetzt, die sich im Umgang mit Biomassen bzw. Brennstoffen mit niedrigen Ascheerweichungstemperaturen bewährt haben. Die Proben wurden für mindestens zwei Stunden bei 106 °C im Veraschungsofen getrocknet, in einem Exikator auf Raumtemperatur abgekühlt und dann auf der Feinwaage gewogen. Anschließend fand bei 800 °C unter Stickstoffatmosphäre die Bestimmung der Flüchtigen statt. Die Veraschung der Proben bei 800 °C wurde über einen Zeitraum von mindestens drei Stunden durchgeführt. Aus den Wägedifferenzen nach den thermischen Behandlungsschritten wurden - bezogen auf das Brennstoffgewicht i. roh. - die Massenanteile von Wasser, Asche, Flüchtigen und C-fix ermittelt.

Die Heizwert- und Brennwertbestimmung erfolgte mit einem Bombenkalorimeter nach DIN 51900 im Department Verfahrenstechnik der Hochschule für Angewandte Wissenschaften Hamburg.

Die Elementaranalysen der Brennstoffe RP, GK und WK wurden ebenso wie die Brennstoffe selber durch die Thüringische Landesanstalt für Landwirtschaft zur Verfügung gestellt [86]. Die Werte der HP sind vom chemischen Labor der TU Hamburg-Harburg (Cl, Ca, P, K, Mg) bzw. vom Fachbereich Chemische Analytik der Universität Hamburg (C, H, N, S) ermittelt worden.

Das thermische Verhalten der Asche wurde mit einem Leitz'schen Erhitzungsmikroskop der Firma Hesse Instruments untersucht. Dabei wurden die Temperaturen für den Sinterbeginn, den Erweichungspunkt, den Sphärischen- und den Halbkugelpunkt sowie den Fliesspunkt nach DIN 51730 bestimmt.

3.2 Darstellung der Messergebnisse

3.2.1 Brennstoffeigenschaften

Neben DIN*plus* Holzpellets (HP), die als etablierter Brennstoff dem Stand der Technik für automatische Kleinfeuerungsanlagen entsprechen, wurden Roggenstrohpellets (RP) und Gersten- (GK) sowie Weizenkörner (WK) als Versuchsbrennstoffe verwendet. Die halmgutartigen und Körnerbrennstoffe können als stellvertretend für die Bandbreite an „neuen" Brennstoffen gesehen werden, die als Regelbrennstoffe in die Novelle der 1. BImschV aufgenommen werden [17]. In Abbildung 3.6 sind die Brennstoffeigenschaften, wie Heizwert, Asche- und Flüchtigengehalt, Ascheeigenschaften und Anteil ausgewählter Elemente in den Kontext von Literaturdaten der Brennstoffgruppen Holz, Getreide und Stroh [50] gesetzt. Neben den maßgeblichen verbrennungstechnischen Parametern werden hauptsächlich die Stoffe betrachtet, die für die Partikelemissionen relevant sind.

Bezüglich des Energieinhalts unterscheiden sich die untersuchten Brennstoffe nicht wesentlich voneinander: relativ zum Standardbrennstoff HP haben RP einen

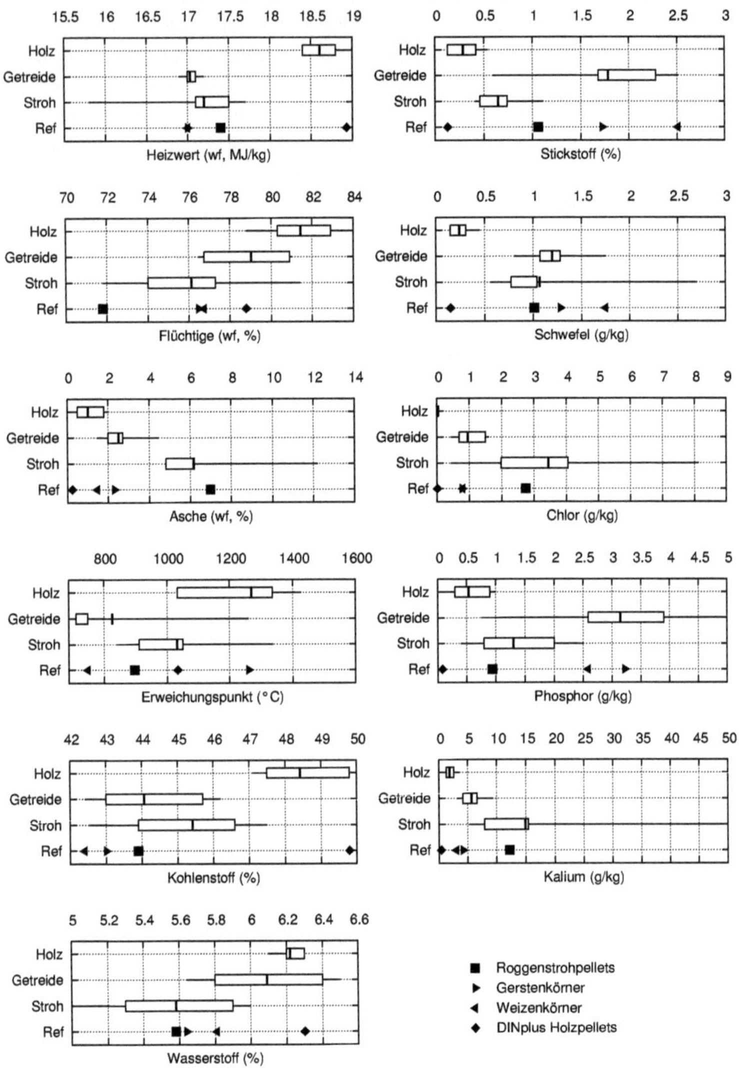

Abbildung 3.6: Brennstoffeigenschaften der Versuchsbrennstoffe (Ref) im Vergleich mit Literaturwerten [50]

um ca. 8 bis 9 % geringeren Heizwert, der Heizwert der Körnerbrennstoffe liegt ca. 10 % unter dem der DIN*plus*-Holzpellets (vgl. Abb. 3.6), was durch den niedrigeren Aschegehalt der HP bedingt wird, für deren Produktion der Rindenanteil nicht verwendet wird.

Der Aschegehalt staffelt sich deutlich von HP (0,22 %) über die Körnerbrennstoffe (WK: 1,28 %, GK: 1,98 %) hin zu den Strohpellets (RP: 6,22 %). Der Aschegehalt der Körner liegt um den Faktor 5,8 bis 9 über dem der DINplus-Holzpellets und die Roggenstrohpellets führen die 28-fache Aschefracht der Holzpellets. Bezogen auf die gleiche Brennstoffwärmemenge ergibt sich für den Vergleich Strohpellets zu Holzpellets sogar der Faktor 35 (RP).

Feuerungstechnische Bedeutung hat vor allem der Erweichungspunkt der Brennstoffaschen. Die Asche der HP erweicht bei ca. 1033 °C, die der RP bei 897 °C, bei Weizenkörnern wurde eine Erweichungstemperatur von ca. 750 °C gemessen und für Gerstenkörner wurde sie zu 1259 °C ermittelt.

Die Stoffe, die sich neben dem Ruß in den Partikelemissionen wiederfinden, sind hauptsächlich Kalium, Chlor, Schwefel und Phosphor.

Gegenüber dem Kaliumgehalt der Holzpellets von 380 mg/kg, weisen die Körnerbrennstoffe eine 8 (WK) bzw. 11-fach (GK) höhere Kaliumfracht auf. Der Kaliumanteil der verwendeten Roggenstrohpellets ist um den Faktor 32 höher als jener der Holzpellets und entsprechend 3,4-fach höher als der Mittelwert der Körnerbrennstoffe. Ein umgekehrtes Verhältnis findet sich beim Phosphorgehalt: die Körnerbrennstoffe haben ca. den 3-fachen Phosphoranteil der Roggenstrohpellets. Der Phosphorgehalt der Holzpellets liegt mit ca. 80 mg/kg bei weniger als 10 % der Phosphor-Konzentration der Roggenstrohpellets. Der Chlorgehalt der Körnerbrennstoffe liegt mit 774 mg/kg (GK) und 800 mg/kg (WK) etwa um den Faktor 50 über dem der Holzpellets und bei etwa 28 % des Wertes der Roggenstrohpellets. Die Schwefelgehalte der halmgutartigen und Körnerbrennstoffe liegen enger beieinander, sie übersteigen den Wert der Holzpellets um das 7 (RP), 8,5 (GK) bzw. 11,7 fache (WK).

Verglichen mit den Literaturdaten, liegen Kalium- und Phosphorgehalt der Versuchsbrennstoffe deutlich im unteren Bereich bzw. im Mittel (GK) der Spannweite. Der Chlorgehalt bewegt sich in der Nähe des Mittelwertes und der Schwefelgehalt findet sich eher im oberen Bereich des Spektrums wieder.

3.2.2 Betriebsparameter der Feuerungsanlage im Messbetrieb

Für die kontinuierlichen Partikelmessungen wurde die Versuchsanlage in verschiedenen Betriebspunkten gefahren. Eine gewisse Schwankungsbreite der Betriebsparameter ließ sich bei der verwendeten Versuchsanlage feuerungstechnisch nicht vermeiden. Die statistische Auswertung der Parameter CO, NO_x, Nutzwärmeleistung ($\dot{Q}_N$) und Restsauerstoff (O_2) ist in Abbildung 3.7 für alle Messungen und als schwarze Balken für die Detailmessungen, bei denen zusätzliche REM-EDX Elementarbestimmungen durchgeführt wurden, dargestellt.

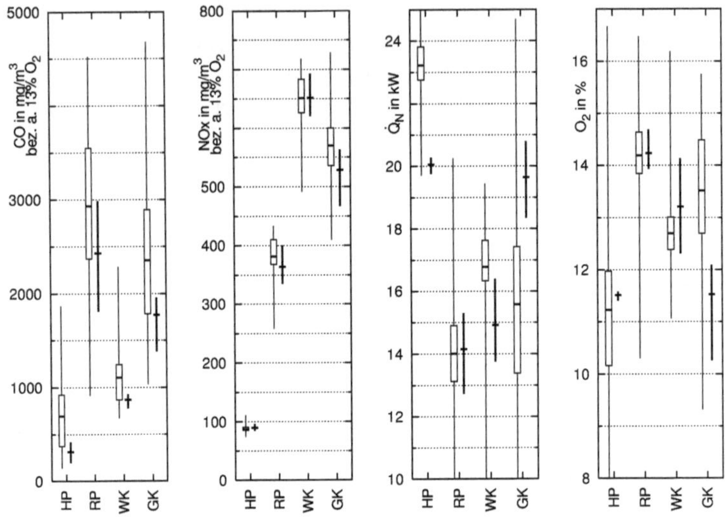

Abbildung 3.7: Betriebsparameter der Versuchskleinfeuerungsanlage: CO-, NOx-Emissionen sowie Nutzwärmeleistung ($\dot{Q}_N$) und Restsauerstoff mit Schwankungsbreite, Quartilsbereich und Mittelwert der Viertelstundenmittelwerte des Messbetriebs (schwarze Balken kennzeichnen den Betrieb mit Detailmessungen)

Im Vergleich der Brennstoffe zeigen die Holzpellets die niedrigsten Schadstoffemissionen sowie gleichmäßige Rest-O_2 Werte und eine gleichmäßige Wärmeleistung.

Bei geringster Leistungsabgabe und höchsten Rest-O_2-Gehalten entwickeln die Roggenstrohpellets die höchsten CO-Emissionen, was auf schlechte Glutbettdurchmischung und zu starke lokale Kühlung hinweist. Gleichzeitig haben RP einen relativ niedrigen Ascheerweichungspunkt bei sehr hoher Aschefracht (vgl. Abbildung 3.6).

Die CO-Emissionswerte der Weizenkörner sind die geringsten der Nichtholzbrennstoffe, wohingegen die NO_x-Emissionen, bedingt durch den hohen Brennstoff-N-Anteil, deutlich höher liegen als die der anderen Brennstoffe. Sowohl Leistung als auch Rest-O_2 Werte der Weizenkörner liegen im Mittelfeld aller Messungen.

Die Schadstoffparameter der Gerstenkörner erreichen Werte zwischen denen der RP und WK. Die Leistungs- und Rest-O_2-Messwerte entsprechen bei den Detailmessungen - allerdings mit größerer Schwankungsbreite - denen der Holzpellets.

3.2.3 Diskontinuierliche Staubmessungen

In Abbildung 3.8 sind die Ergebnisse der diskontinuierlichen Staubmessungen zusammengefasst, die mit einem Andersen Impaktor nach VDI-Richtlinie 2066-5 aufgenommen wurden. Abhängig vom Rauchgasvolumenstrom stellen die einzelnen Messungen Partikelsammlungen über Zeiträume von bis zu sechs Stunden dar. Die Massenkonzentration des Gesamtstaubs steigt von Holzpellets ($30,3\,\mathrm{mg/m^3}$, 8 Messwerte) über Gerstenkörner ($88\,\mathrm{mg/m^3}$, 3 Messwerte) hin zu Roggenstrohpellets und Weizenkörnern ($196,5$ bzw. $193\,\mathrm{mg/m^3}$, 6 bzw. 2 Messwerte) (alle in $\mathrm{mg/m^3}$ (i. N. tr) bez. a. 13 % O_2; siehe Abb. 3.8 links). Gleichzeitig nimmt die absolute Schwankungsbreite der Messwerte zu, die für Weizenkörner über $120\,\mathrm{mg/m^3}$ umfasst.

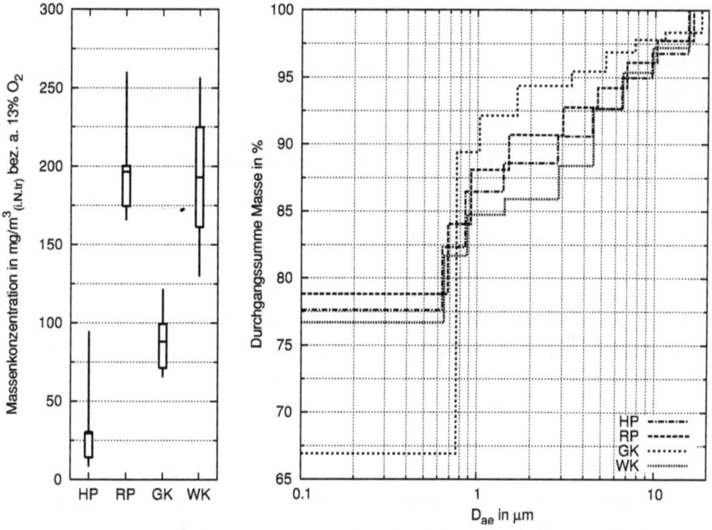

Abbildung 3.8: Gesamtstaubemissionen der Brennstoffe, gemessen mit einem Andersen-Kaskadenimpaktor (links) und Mittelwerte der Durchgangssummen der Partikelmasse über dem aerodynamischen Durchmesser in Prozent der Masse (rechts)

Im rechten Teil von Abbildung 3.8 sind die prozentualen Massen-Durchgangssummen als Mittelwerte der Messungen für die einzelnen Brennstoffe über dem aerodynamischen Partikeldurchmesser aufgetragen.

- Die Durchgangssummen der Partikel aus Holzpellets und Roggenstrohpellets verlaufen eng beieinander im Mittelfeld. Bei den Holzpellets werden etwa 77 % der Partikelmasse auf dem Endfilter mit $D_{ae} < 0,6\,\mu m$ gemessen und ca. 86 % der Masse wird durch die PM_1-Fraktion verursacht.

- Die Durchgangssumme der Partikel aus Roggenstrohpellets liegt leicht darüber: die Endfiltermasse macht 79 % der Gesamtmasse aus und 88 % wird im PM_1-Bereich gemessen.

- Gerstenkörner produzieren den kleinsten Massenanteil im Abscheidebereich des Endfilters. Bei ihnen sind es 66 % der Gesamtmasse aber ca. 89 % der Masse werden im PM_1-Bereich emittiert.

- Die Massen-Durchgangssumme der Partikel aus Weizenkörnern verläuft für Partikeldurchmesser unter $4\,\mu m$ einige Prozentpunkte unterhalb derjenigen der Pelletbrennstoffe. Bei diesem Brennstoff ist die Massenverteilung im oberen Messbereich etwas stärker ausgeprägt als bei den anderen.

Der PM_{10}-Anteil der Gesamtmasse beträgt bei allen Brennstoffen über 96 %.

3.2.4 Zusammensetzung der Partikelemissionen

Das Partikelkollektiv, das mit dem ELPI auf Aluminiumsammelplatten gesammelt wurde, wurde mit dem REM-EDX quantitativ auf die Elementarzusammensetzung untersucht. Durch die Verknüpfung der Partikelzählungen des ELPI und der Elementarzusammensetzung aus der EDX-Untersuchung kann eine Aussage über die Massen- und Anzahlverteilung einzelner Stoffe innerhalb des Partikelgrößenspektrums getroffen werden.

Wie bereits in Kapitel 3.1.2 dargelegt, sind die Messergebnisse aus der röntgenspektroskopischen Analyse der gesammelten Partikel mit Unsicherheiten behaftet. Aus diesem Grund wurden Abweichungen in der Atombilanz von weniger als 2σ der Messgenauigkeit der EDX toleriert. Messwerte, die kleiner als 2σ der Messgenauigkeit oder kleiner als $0,5\,\%$ waren, wurden in der stöchiometrischen Auswertung nicht berücksichtigt. Gleiche Einstellungen des REM vorausgesetzt, ließen sich die EDX-Analysen gut reproduzieren, eine veränderte Anordnung der Probe relativ zum Röntgendetektor führte jedoch zu Abweichungen.

Die Auswertungen wurden nur für die Impaktorstufen eins bis zehn durchgeführt, da auf den darüber liegenden Stufen praktisch keine Partikel gefunden werden konnten (vgl. Kapitel 3.1.2). Die Ergebnisse der REM-EDX Analysen sind in Tabelle 3.2 aufgeführt und in Abbildung 3.9 und Abbildung 3.10 dargestellt.

Abbildung 3.9 (oben) zeigt die Molanteile der gesammelten Partikel aus der Verbrennung von Holzpellets je Impaktorstufe. Bis auf einen kleinen Anteil aus KCl, der je nach Stufe zwischen 2,1 % und 4,4 % schwankt, wurden hauptsächlich Kohlenstoffverbindungen, die als Ruß interpretiert werden, gefunden (vgl. Kapitel 3.1.2).

Die Stoffverteilung in den Partikelklassen der Emissionen von Roggenstrohpellets sind in Abbildung 3.9 (unten) dargestellt. Den größten Anteil hat KCl, das in zwei deutlichen Moden, der 2. und der 5. Stufe, 71 % bzw. 80 % der Verbindungen ausmacht. Kohlenstoffverbindungen belegen den restlichen Teil der Sammelplatten, sie erreichen in Stufe 1, 8 und 10 mit 67 %, 50 % und 85 % die größten Anteile. In niedrigen Konzentrationen zwischen 1,1 % und 4,2 % wurden K_2SO_4 und NaCl (0,6 % ... 2,1 %) gefunden.

In Abbildung 3.10 (oben) sind die Molanteile der Partikelemissionen von Gerstenkörnern dargestellt. Kohlenstoffverbindungen finden sich hauptsächlich im Bereich kleiner und großer Impaktorstufen, wo sie ca. 54 % (Stufe 2) und 76 % bis 88 % (Stufen 9 und 10) ausmachen. Den mittleren Größenbereich deckt KCl ab, das in den Stufen 6 und 7 mit 36 % und 55 % seine höchsten Konzentrationen erreicht. Dem hohen Phosphorgehalt im Brennstoff (vgl. Abbildung 3.6) tragen die Phosphorverbindungen Rechnung, die im Bereich der Stufen 1 bis 7 zwischen 32 % und 61 % (Stufe 5) der Molanteile beanspruchen. Aus der Elementarbestimmung lässt sich nicht eindeutig klären, welche Phosphorverbindungen vorliegen. Für den stöchiometrischen Vergleich ist die Anzahl an Kationen zu gering, sodass Wasserstoffatome, die nicht detektiert werden, in die Bilanz aufgenommen wurden. Auf diese Weise finden sich Kaliumdihydrogenphosphat (KH_2PO_4) und Ortho-Phosphorsäure (H_3PO_4), die vermutlich als Meta- oder Polyphosphat auf der Sammelplatte stabil ist. Bei Berücksichtigung des Wasserdampfgehalts des Rauchgases erscheint diese Annahme plausibel [11]. Relativ gleichmäßig aber mit Schwerpunkt auf den unteren Impaktorstufen finden sich K_2SO_4-Konzentrationen in der Größenordnung von ca. 10 %.

Bei den Partikelemissionen der Weizenkörner dominieren Kohlenstoffverbindungen die Molanteile der Impaktorstufen 1 - 4 mit Konzentrationen bis zu 75 %. In den höheren Stufen sind es hauptsächlich Phosphorverbindungen mit bis zu 88 % (siehe Abbildung 3.10, unten). In den Stufen 5 - 10 finden sich außerdem KCl mit bis zu 37 % in Stufe 7 und K_2SO_4 mit bis zu 13 % in den oberen Impaktorstufen. NaCl bleibt unter 2 %.

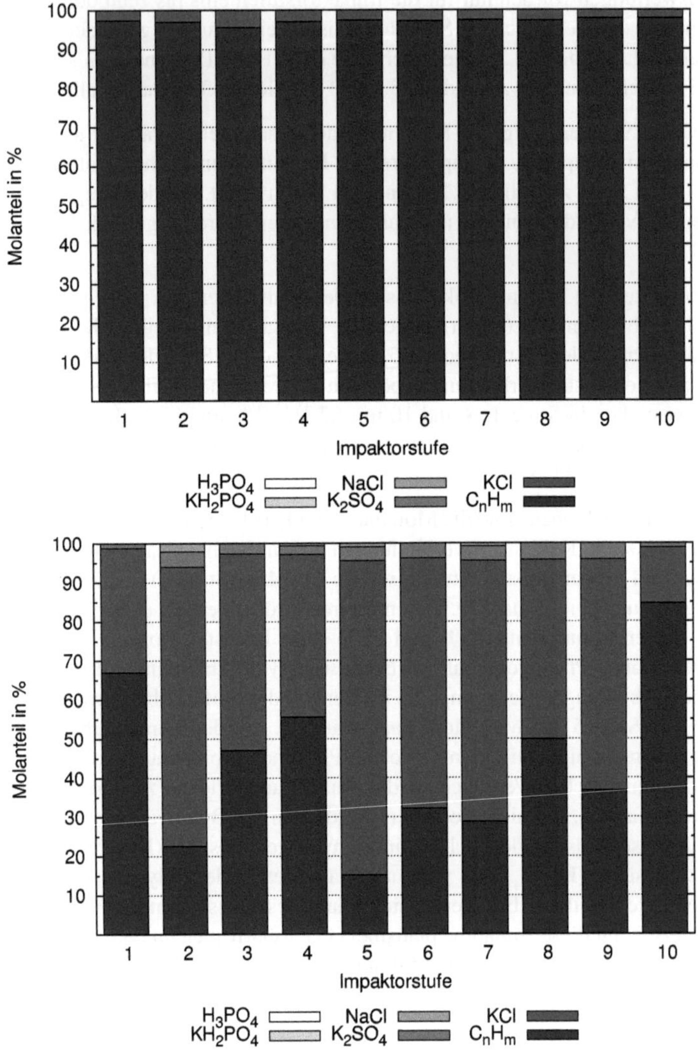

Abbildung 3.9: Molanteile der Partikelemissionen von Holzpellets (oben) und Roggenstrohpellets (unten) je Impaktorstufe, Ergebnisse der Röntgenspektroskopie

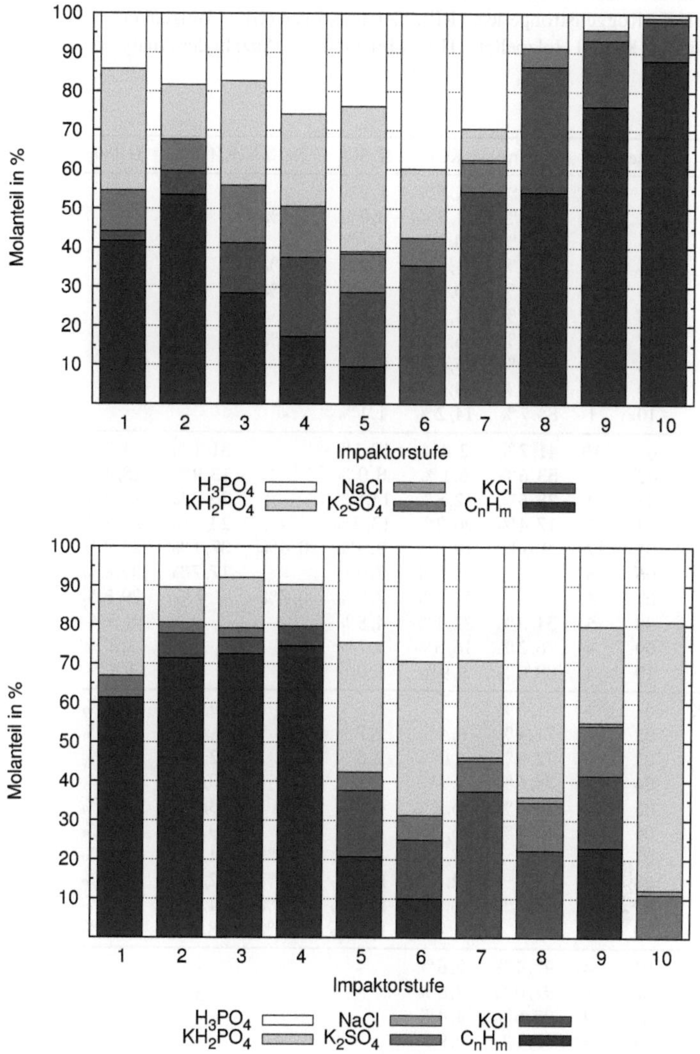

Abbildung 3.10: Molanteile der Partikelemissionen von Gerstenkörnern (oben) und Weizenkörnern (unten) je Impaktorstufe, Ergebnisse der Röntgenspektroskopie

Tabelle 3.2: Ergebnisse der REM-EDX-Analyse für die Brennstoffe Roggenstrohpellets (RP), Gerstenkörner (GK), Weizenkörner (WK) und Holzpellets (HP) (Molanteile; #: Anzahl der Analysen)

	Stufe	#	CnHm	KCl	K_2SO_4	NaCl	KH_2PO_4	H_3PO_4
RP	01	3	67,0%	31,8%	1,2%	-	-	-
	02	1	22,6%	71,4%	3,9%	2,1%	-	-
	03	5	47,1%	50,2%	2,7%	-	-	-
	04	2	55,6%	41,6%	2,2%	0,6%	-	-
	05	7	15,2%	80,3%	3,5%	0,9%	-	-
	06	7	32,2%	64,0%	3,8%	-	-	-
	07	4	28,8%	66,7%	3,7%	0,8%	-	-
	08	2	49,9%	45,9%	4,2%	-	-	-
	09	7	36,8%	59,1%	4,1%	-	-	-
	10	1	84,7%	14,2%	1,1%	-	-	-
GK	01	10	41,7%	2,4%	10,5%	-	31,1%	14,3%
	02	5	53,6%	6,1%	8,0%	-	13,9%	18,4%
	03	4	28,5%	12,8%	14,8%	-	26,7%	17,3%
	04	7	17,4%	20,2%	13,2%	-	23,5%	25,8%
	05	7	9,6%	19,0%	9,9%	0,6%	37,1%	23,9%
	06	6	-	35,5%	7,0%	-	17,7%	39,8%
	07	5	-	54,5%	7,5%	0,7%	7,9%	29,5%
	08	5	54,3%	32,1%	4,8%	-	-	8,8%
	09	4	76,3%	16,8%	2,7%	-	-	4,2%
	10	3	88,0%	9,9%	1,0%	-	-	1,1%
WK	01	1	61,3%	-	5,6%	-	19,5%	13,6%
	02	4	71,4%	6,4%	2,7%	-	9,0%	10,4%
	03	3	72,6%	4,0%	2,6%	-	12,9%	7,9%
	04	4	74,6%	5,1%	-	-	10,6%	9,7%
	05	8	20,8%	16,9%	4,8%	-	33,0%	24,5%
	06	11	10,0%	15,0%	6,3%	-	39,4%	29,3%
	07	7	-	37,4%	7,9%	0,9%	24,7%	29,0%
	08	4	-	22,2%	12,3%	1,5%	32,5%	31,5%
	09	4	23,0%	18,5%	12,7%	0,9%	24,6%	20,3%
	10	4	-	-	11,1%	1,2%	68,7%	19,0%
HP	01	4	97,4%	2,6%	-	-	-	-
	02	4	97,0%	3,0%	-	-	-	-
	03	4	95,6%	4,4%	-	-	-	-
	04	4	97,1%	2,9%	-	-	-	-
	05	4	97,4%	2,6%	-	-	-	-
	06	4	97,3%	2,7%	-	-	-	-
	07	4	97,5%	2,5%	-	-	-	-
	08	4	97,3%	2,7%	-	-	-	-
	09	4	97,9%	2,1%	-	-	-	-
	10	4	97,9%	2,1%	-	-	-	-

3.2.5 Gravimetrische Auswertung der ELPI-Messungen

In einer gesonderten Messreihe wurden für jeden Brennstoff jeweils vier ELPI-Messungen gravimetrisch ausgewertet. Durch die Verdünnung des Messgases (1:15 ... 1:10) und schlechte Haftbedingungen auf den Impaktorplatten wurden in Summe jeweils nur zwischen 1 und 7 mg Partikel gemessen. Dabei lieferten die Messungen mit gesinterten und geölten Impaktorplatten die größte Probenmasse. Die Ergebnisse dieser gesonderten Messreihe sind in Abbildung 3.11 dargestellt. Durch die in Bezug auf die Probenmasse relativ große Messungenauigkeit der verwendeten Feinwaage, die Massendifferenzen von 0, 1 mg auflösen kann, sind die Schwankungsbereiche der Messungen zum Teil erheblich. Dennoch zeigen die Ergebnisse eine deutliche Massenkonzentration auf die Impaktorstufen 2 bis 6, die bei allen Brennstoffen im PM_1-Bereich liegen. In den oberen Impaktorstufen 10 bis 13 können keine Massen nachgewiesen werden, die größer sind als die Messungenauigkeit der Feinwaage. Dies entspricht den gravimetrischen Messungen mit dem Andersen-Impaktor (s.o.).

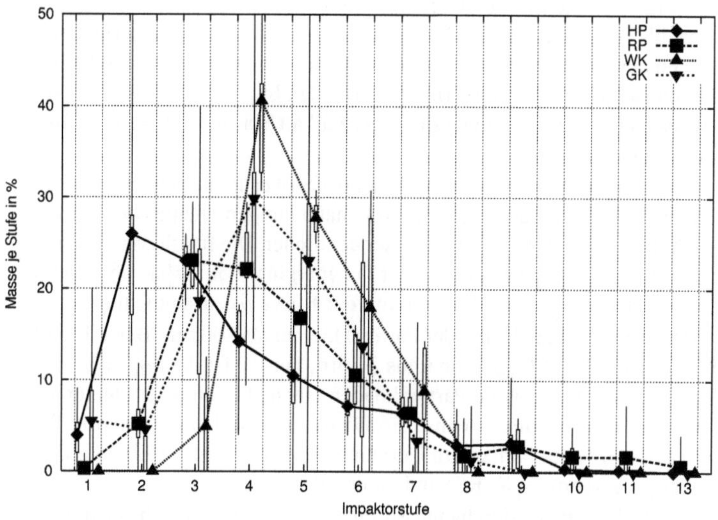

Abbildung 3.11: Gravimetrische Auswertung der ELPI-Messungen

3.2.6 Anzahl- und Massenkonzentrationen der Partikelemissionen

Die Auswertung der Rohdaten des ELPI ist in Abbildung 3.12 dargestellt. Den höchsten Anteil am Gesamtstrom haben bei allen Brennstoffen die Impaktorstufen 2 bis 6 mit einem Maximum bei Stufe 4, das bei HP besonders ausgeprägt ist. Dort werden im Mittel über 55 % des elektrischen Stromes detektiert, bei den anderen Brennstoffen sind es 30 % bis 38 %. Entsprechend fallen die Stromanteile der kleineren und größeren Impaktorstufen bei HP schnell unter die 10 % Marke, während die Stufen F (Filterstufe) bis 2 besonders bei RP und WK einen ausgeprägteren Anteil am Gesamtstrom haben und für WK in den Stufen 5 und 6 ein über 10 % höherer Stromanteil gemessen wird als für HP. Von Stufe 8 an liegen die Messungen für alle Brennstoffe im Bereich von etwa 1 %.

Nach Umrechnung der Rohdaten in Anzahlkonzentrationen bleiben die o. g. Charakteristiken weitestgehend bestehen, wenn für die Partikel eine konstante Dichte über den gesamten Größenbereich angesetzt wird. Abbildung 3.13 und Abbildung 3.14 zeigen die Durchgangssummen der Partikelanzahl und -masse für HP und RP bzw. GK und WK für die konstanten Partikeldichten $\rho_1 = 1\,{}^{g}/_{cm^3}$, $\rho_2 = 2\,{}^{g}/_{cm^3}$ und eine stofffraktionsabhängige Dichte ρ_K sowie eine von Fraktion und fraktalen Eigenschaften des Partikels abhängige Dichte ρ_F. Die fraktionsabhängigen Anzahl- bzw. Massenverteilungen ergeben sich aus der Superposition der Verteilungen der einzelnen Stofffraktionen, für die sich wegen der verschiedenen Dichten unterschiedliche Trennkorngrenzen an den Impaktorstufen einstellen. Deswegen weisen diese Kurven eine größere Anzahl an Sprungstellen auf als Impaktorstufen vorhanden sind.

Da die Trennkorndurchmesser mit abnehmender Stokesdichte zunehmen ($D_{St} \approx {}^{D_{ae}}/_{\sqrt{\rho}}$), wird der Effekt der fraktions- und größenabhängigen Dichte (ρ_F) mit zunehmendem Stokes'schen Partikeldurchmesser deutlicher. Die fraktionsabhängige aber größenunabhängige Dichte (ρ_K) weicht nur marginal von $2\,{}^{g}/_{cm^3}$ ab, sodass die entsprechende Kurve in vielen Punkten mit der Kurve ρ_2 zusammenfällt.

Für alle Brennstoffe ist die Hälfte der Partikel kleiner als 100 nm. Bei WK und GK sind 50 % der Partikel ($d_{50,0}$) kleiner als 30 nm, bei RP ist der $d_{50,0}$ = 55 nm und bei HP ca. 95 nm. Nahezu alle Partikel haben einen Durchmesser kleiner als 1 µm und der $d_{90,0}$ liegt für alle Brennstoffe für ρ_2 bzw. ρ_K bei ca. 100 nm, für ρ_2 finden sich über 90 % der Partikel im Durchmesserbereich unter 100 nm (GK), im Bereich von ca. 150 nm (WK, RP) und unter 250 nm (HP).

Der Vergleich der Massendurchgangssummen, die gravimetrisch nach VDI 2066-5 ermittelt wurden, und denen, die aus den ELPI-Daten berechnet wurden, zeigen je nach Dichtemodell qualitative Unterschiede. Die Kurven, die mit einer stofffraktionsabhängigen aber über die Partikelgröße konstanten Dichte berechnet wurden (ρ_K), stimmen gut mit den Ergebnissen der gravimetrischen Messungen nach VDI 2066-5 überein. Sie unterscheiden sich nur marginal von den Werten,

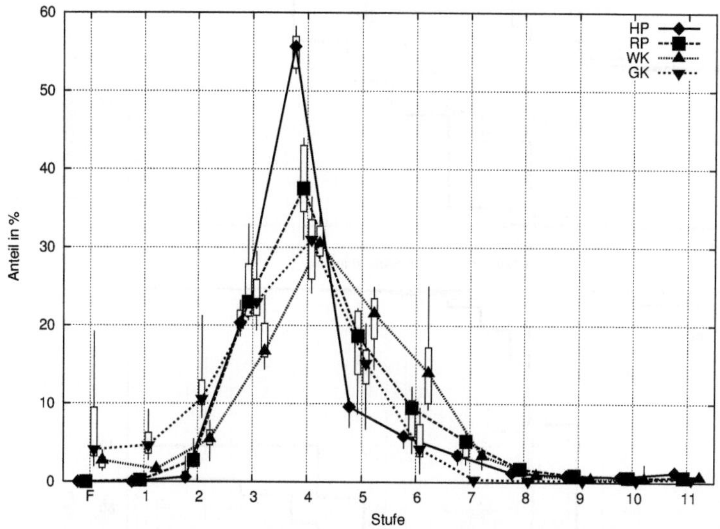

Abbildung 3.12: Anteil der ELPI-Rohdaten je Brennstoff in Prozent je Stufe mit Quartilsabstand und Schwankungsbreite über die Messungen (der Übersichtlichkeit halber sind die Punkte etwas auseinandergerückt, F: Filterstufe)

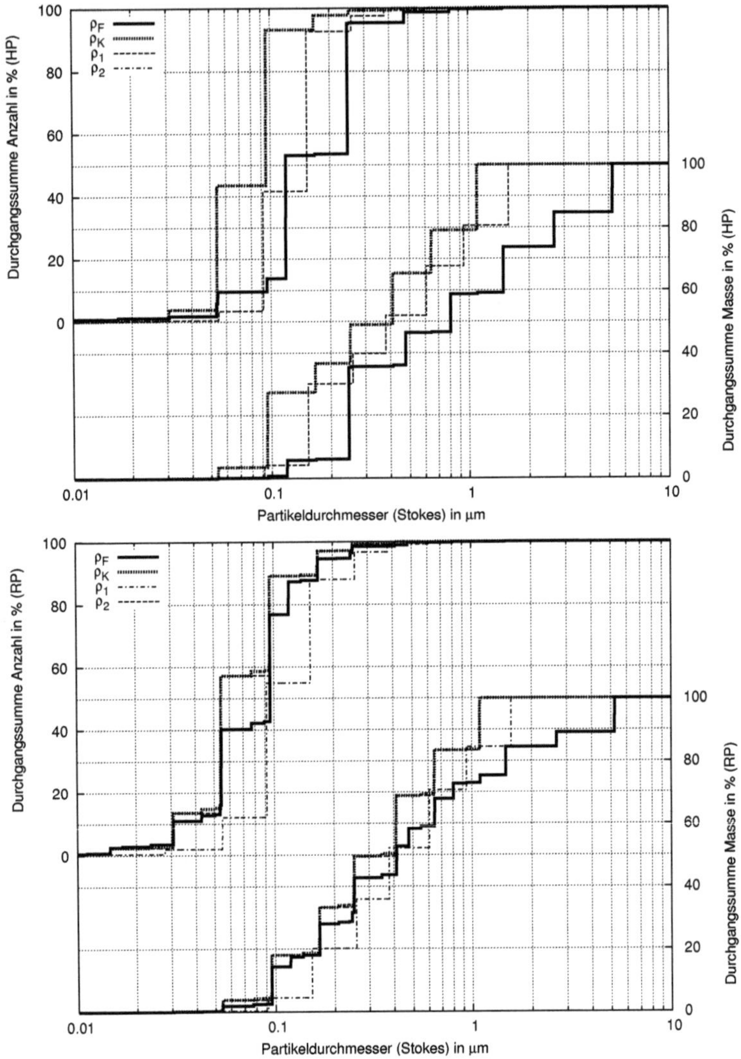

Abbildung 3.13: Durchgangssummen für Anzahl und Masse für HP (oben) und RP (unten) für $\rho_1 = 1\,{}^{g}/_{cm^3}$, $\rho_2 = 2\,{}^{g}/_{cm^3}$, ρ_F: Dichte fraktions- und stufenabhängig, ρ_K: Dichte fraktionsabhängig

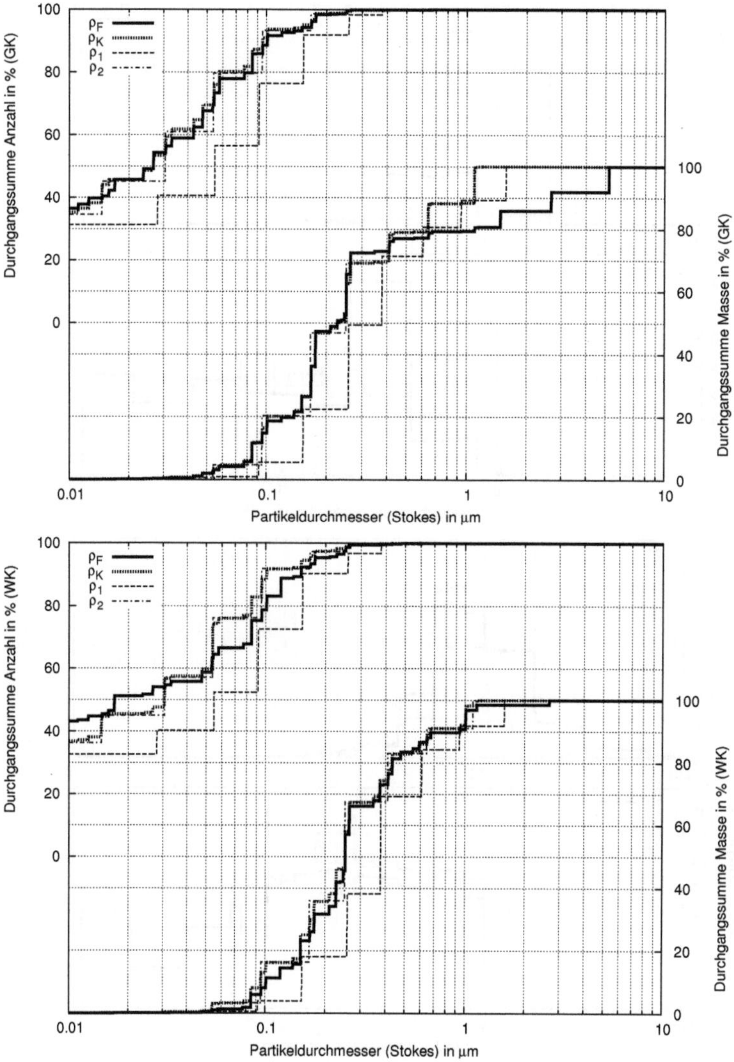

Abbildung 3.14: Durchgangssummen für Anzahl und Masse für GK (oben) und WK (unten) für $\rho_1 = 1\,{}^{g}/_{cm^3}$, $\rho_2 = 2\,{}^{g}/_{cm^3}$, ρ_F: Dichte fraktions- und stufenabhängig, ρ_K: Dichte fraktionsabhängig

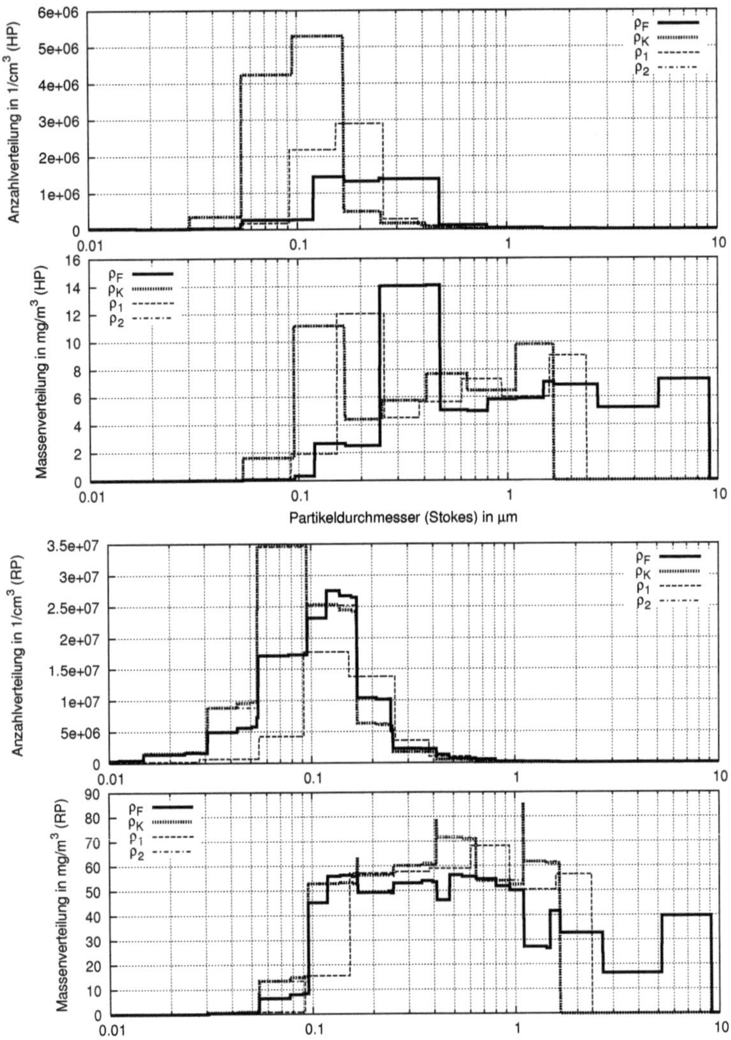

Abbildung 3.15: Verteilungskurven für Anzahl ($dN/d\log D_p$) und Masse für HP (oben) und RP (unten) für $\rho_1 = 1\,g/cm^3$, $\rho_2 = 2\,g/cm^3$, ρ_F: Dichte fraktions- und stufenabhängig, ρ_K: Dichte fraktionsabhängig

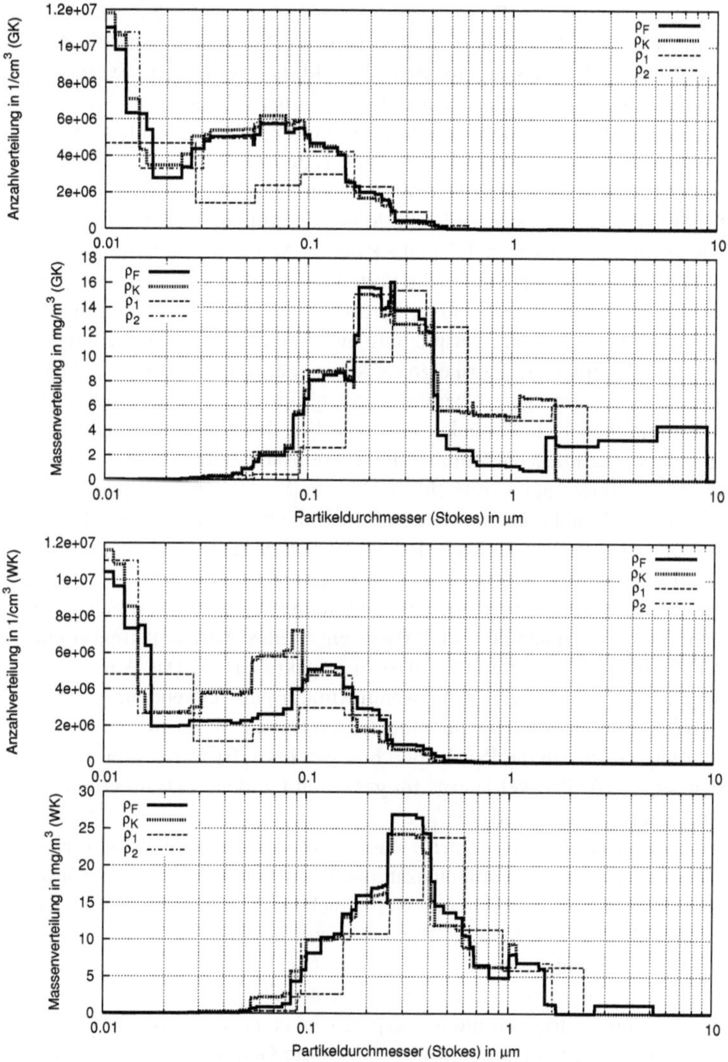

Abbildung 3.16: Verteilungskurven für Anzahl ($dN/d\log D_P$) und Masse für GK (oben) und WK (unten) für $\rho_1 = 1\,g/cm^3$, $\rho_2 = 2\,g/cm^3$, ρ_F: Dichte fraktions- und stufenabhängig, ρ_K: Dichte fraktionsabhängig

die sich mit einer homogenen Dichte von 2 g/cm^3 ergeben. Unter Berücksichtigung eines nicht idealen Trennschärfegrades für beide Messgeräte sind die Abweichungen zwischen den Messergebnissen vernachlässigbar. In den Messungen nach VDI 2066-5 wurden für alle Brennstoffe Massenanteile der PM_1-Fraktion zwischen 85 % und 90 % ermittelt, wohingegen die unter Berücksichtigung der fraktalen Partikeleigenschaften (ρ_F) berechneten Daten um bis zu 25 %-Punkte darunter, zwischen 59 % (HP) und 91 % (WK) liegen.

In Abbildung 3.15 sind die Anzahl- und Massenverteilungen über dem Partikeldurchmesser für die Brennstoffe HP und RP und in Abbildung 3.16 für GK und WK dargestellt. Zum Vergleich wurden die Verteilungen mit den vier unterschiedlichen Dichtefunktionen ρ_1, ρ_2, ρ_F und ρ_K berechnet. Die Wahl der Dichtefunktion wirkt sich direkt in Lage und Ausprägung auf die berechneten Verteilungen aus. Da sich mit der über die Partikelgröße konstanten aber fraktionsabhängigen Dichtefunktion ρ_K eine gute Übereinstimmung mit den gravimetrisch nach VDI 2066-5 ermittelten Daten erzielen lässt, wird in den folgenden Analysen, wenn nicht anders gekennzeichnet, immer die fraktionsabhängige Dichtefunktion ρ_K verwendet. Besonders der Vergleich mit dem Fall ρ_1 ist sinnvoll und interessant, da dieser die Standardauswertung nach aerodynamischem Partikeldurchmesser repräsentiert. Alle Verteilungen sind auf 13 % Restsauerstoff bezogen und die Anzahlverteilungen sind auf die Klassenbreite normiert ($dN/d\log Dp$).

Die Partikelemissionen der Holzpellets (Abbildung 3.15, oben) erreichen im Durchmesserbereich zwischen 50 und 170 nm ein breites Anzahlmaximum mit ca. $9{,}5 \cdot 10^6$ Partikeln je cm^3 verteilt auf zwei Impaktorstufen. Das Anzahlmaximum spiegelt sich auch in einem Massenmaximum bei Verwendung von ρ_K wider. Durch das kubisch mit dem Durchmesser wachsende Volumen sind für die Massenverteilung außerdem die Partikeldurchmesser bis $1{,}6\,\mu m$ relevant. Insgesamt werden $10{,}7 \cdot 10^6$ Partikel je cm^3 im gesamten Größenspektrum ermittelt, entsprechend einer Masse von $46{,}9$ mg/m^3.

Roggenstrohpellets (Abbildung 3.15, unten) haben im Durchmesserbereich zwischen 50 und 100 nm ein Partikelanzahlmaximum mit ca. $34{,}7 \cdot 10^6$ Partikeln je cm^3. Im nächst größeren Durchmesserbereich bis ca. 170 nm wurden noch 70 % des Maximalwerts, ca. $25{,}3 \cdot 10^6$ Partikel je cm^3 gezählt. Die Partikelmasse ist relativ gleichmäßig mit je ca. 50 bis 60 mg/m^3 über die Impaktorstufen zwischen 100 nm und $1{,}6\,\mu m$ verteilt. Insgesamt werden $79{,}5 \cdot 10^6$ Partikel je cm^3 im gesamten Größenspektrum ermittelt, entsprechend einer Masse von 370 mg/m^3.

Im Vergleich zu den Pelletbrennstoffen zeigen die Getreidekörner eine ganz unterschiedliche Emissionsverteilung (siehe Abbildung 3.16). Das Anzahlmaximum der Partikelemissionen von Gerstenkörnern befindet sich am unteren Ende des Messbereichs. Bei einem Partikeldurchmesser von etwa 10 nm werden $11{,}8 \cdot 10^6$ Partikeln je cm^3 detektiert. Ein zweites lokales Maximum mit ca. der halben Partikelanzahl in der Spitze von $6 \cdot 10^6$ Partikeln je cm^3 ist im Durchmesserbereich zwischen 30 und 100 nm ausgebildet. Für die Massenverteilung spielen die Partikel im unteren Nanometerbereich keine Rolle. Das Maximum der Massenverteilung findet sich zwischen 160 und 600 nm. Es ist deutlicher ausgeprägt als bei den Pelletbrennstoffen und liegt klarer im submikronen Bereich. Insgesamt werden $33,5 \cdot 10^6$ Partikeln je cm^3 im gesamten Größenspektrum ermittelt, entsprechend einer Masse von $56,7\,mg/m^3$.

Die Verteilungen der Partikelemissionen der Weizenkörner weisen eine ähnliche Charakteristik auf wie die der Gerstenkörner (Abbildung 3.16). Die Ähnlichkeit wird besonders beim Vergleich der ρ_1-Verteilungen deutlich. Durch die unterschiedliche Zusammensetzung der Partikel sind die resultierenden Verteilungen dennoch verschieden. Die Partikelemissionen der Weizenkörner erreichen ebenfalls im unteren Messbereich bei ca. 10 nm das Anzahlmaximum von ca. $11,6 \cdot 10^6$ Partikeln je cm^3. Die Kurve fällt mit größerem Partikeldurchmesser in deutlich kleinere Anzahlkonzentrationen als die der Gerstenkörner, um dann in einem schmaleren Durchmesserbereich zu einem zweiten, lokalen Maximum mit $7,2 \cdot 10^6$ Partikeln je cm^3 in der Spitze bei ca. 90 nm anzusteigen. Auch in der Massenverteilung findet sich ein schärfer definiertes Emissionsmaximum von $24,3\,mg/m^3$ zwischen 260 und 410 nm. Insgesamt werden $31,5 \cdot 10^6$ Partikeln je cm^3 im gesamten Größenspektrum ermittelt, entsprechend einer Masse von $76,9\,mg/m^3$.

Hinsichtlich der Anzahlkonzentration der emittierten Partikel weisen alle Brennstoffe eine deutliche Mode im Durchmesserbereich zwischen 50 und 170 nm auf, die bei den Pelletbrennstoffen HP und RP stärker ausgeprägt ist als bei den Körnerbrennstoffen GK und WK. Die Körnerbrennstoffe zeigen eine bimodale Verteilung mit einem Anzahlmaximum im unteren Messbereich bei ca. 10 nm.

Die emittierte Partikelmasse verteilt sich bei allen Brennstoffen auf den Durchmesserbereich zwischen ca. 0,1 bis 1,6 µm. Bei den Pelletbrennstoffen ist diese Verteilung eher gleichmäßig ohne klares Maximum, bei den Körnerbrennstoffen lassen sich die Maxima im Bereich von ca. 160 bis 400 nm (GK) bzw. 230 bis 400 nm (WK) erkennen.

Aus den Massenverteilungen je Stofffraktion für die Partikel der einzelnen Brennstoffe ergibt sich der Anteil der jeweiligen Stoffe an der Gesamtmasse der Partikel, der in Abbildung 3.17 in den linken Balken dargestellt ist. Bei HP macht der Bestandteil an Ruß ca. 97 % der Partikelmasse aus mit einem geringen Rest an KCl. Die Partikelmasse von RP ist mit 53 % von KCl dominiert, 43 % der Masse wird durch C_nH_m verursacht. K_2SO_4 und NaCl stellen den übrigen Teil mit zusammen 4 %. Bei den Körnerbrennstoffen tritt die Rußfraktion in den Hintergrund, sie stellt bei GK ca. 25 % und bei WK unter 10 %. KCl erreicht bei GK 31 % der Partikelmasse und bei WK 22 %. K_2SO_4 ist zu 6 % (GK) bzw. 8 % (WK) vertreten. Die stärkste Massenfraktion stellen bei beiden Körnerbrennstoffen die Phosphate, die bei GK einen Anteil von 37 % und bei WK 60 % erreichen. NaCl erreicht bei keinem der Brennstoffe einen nennenswerten Massenanteil an den Partikelemissionen.

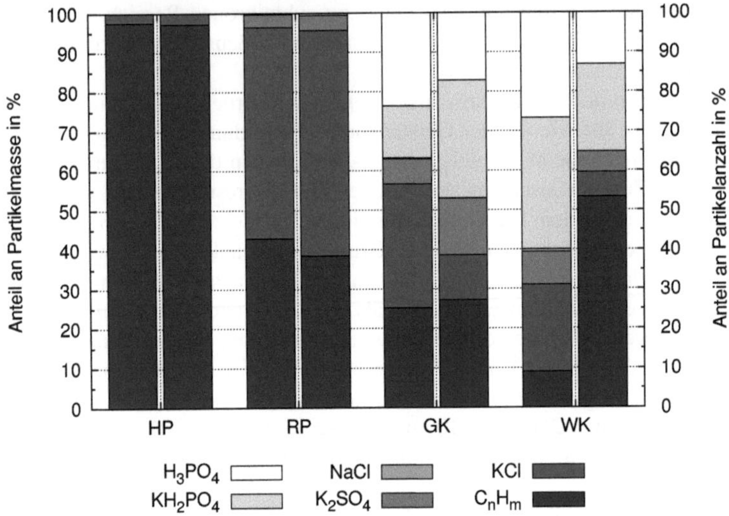

Abbildung 3.17: Prozentuale Zusammensetzung der Partikelmasse (links) und -anzahl (rechts) der Brennstoffe HP, RP, GK und WK

Der Vergleich der Partikelmassenanteile und Partikelanzahlanteile der Stoffe in Abbildung 3.17 zeigt noch einmal deutlich, in welchem Partikelgrößenbereich die Stofffraktionen vertreten sind. Herausragend sind die Unterschiede bei den Körnerbrennstoffen. Während Ruß bei GK relativ gleichmäßig verteilt ist, ist er bei WK deutlich in den kleineren Durchmessern zu finden. Auch die Phosphatbestandteile der emittierten Partikel zeigen sichtbare Unterschiede. Sie sind bei WK in den größeren Durchmesserklassen konzentriert, bei GK eher in den kleineren. KCl ist bei beiden Brennstoffen eher im Bereich größerer Partikel vertreten.

3.3 Messgenauigkeit

Die für diese Arbeit relevanten Messgrößen weisen über den Messzeitraum z. T. große Schwankungsbreiten auf, die hauptsächlich durch die Art der Brennstoffe, der Brennstoffförderung und der eingesetzten Feuerungstechnik bedingt sind. Um diese Schwankungen auszugleichen, wurden für alle Messgrößen Mittelwerte über Zeitintervalle gebildet, die verglichen mit der Frequenz der Messwertaufnahme sehr groß sind. Im Vergleich zu der statistischen Abweichung einer Messgröße vom Mittelwert sind die Messunsicherheiten der Messgeräte vernachlässigbar oder sehr klein. Dennoch wird in diesem Abschnitt ein Überblick über die Messunsicherheit der Messmethoden gegeben. Sofern nicht anders gekennzeichnet, basiert die Ermittlung der Messunsicherheiten auf den Monographien [33] und [4].

Von besonderer Bedeutung ist die Einstellung der Probengasgeschwindigkeit für die Impaktormessungen, da bei nicht-isokinetischer Probenahme besonders im Bereich großer Partikelmassen bzw. Partikeldurchmesser relativ große Unsicherheiten entstehen können. Die rechtwinklig zur Abgasströmung angeordnete ELPI-Sonde führt zu einer starken Unterbestimmung großer bzw. schwerer Partikel. Da davon nur ein vernachlässigbarer Anteil des Partikelspektrums betroffen ist und sich die Messergebnisse von ELPI und Andersen Impaktor für eine stofffraktionsabhängige Dichteannahme decken, kann diese Abweichung unberücksichtigt bleiben.

3.3.1 Einfluss nicht-isokinetischer Probenahme

Um gleiche Partikelkonzentrationen im Probengasstrom wie im Abgaskanal zu messen, sollte die Probenahme für die Kaskadenimpaktoren möglichst isokinetisch erfolgen. Da die Bewegung hinreichend großer Partikel von Richtungsänderungen der Gasströmung nicht so stark beeinflusst wird, wie die kleiner Partikel, verändert eine nicht-isokinetische Probenahme vor allem den Partikelanteil im Bereich kleiner Partikeldurchmesser. Bei überkinetischer Probenahme ist die Geschwindigkeit u des Probengasstroms größer als die des ungestörten Abgasstroms u_0. Entsprechend gelangen Stromlinien eines größeren Strömungsquerschnitts als des Sondenquerschnitts in die Sonde. Je nach Geschwindigkeitsverhältnis u/u_0 werden die Stromlinien umgelenkt und es werden überproportional viele aerodynamisch kleine Partikel in die Sonde gesaugt, da größere Partikel der Richtungsänderung der Strömung nicht folgen. Bei unterkinetischer Probenahme werden entsprechend weniger Partikel kleineren Durchmessers gemessen. Da aber das Partikelkonzentrationsverhältnis zwischen Abgasstrom und Probengasstrom C/C_0 reziprok proportional zum Verhältnis der Gasgeschwindigkeiten ist (Gl. (3.7)), führt die unterkinetische Probenahme zu einer größeren Abweichung als die überkinetische Probenahme.

$$\frac{C}{C_0} \sim \frac{1}{\frac{u}{u_0}} \tag{3.7}$$

In der Literatur existieren semi-empirische Gleichungen zur Berechnung der Effizienz der Impaktion C/C_0 bei nicht-isokinetischer Probenahme. Die Gleichungen beruhen auf dem Verhältnis effektiver Strömungsquerschnitte im Mess- und

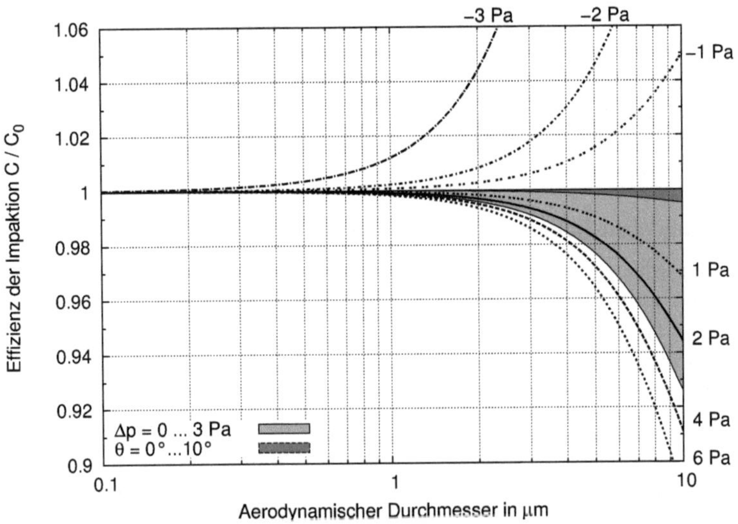

Abbildung 3.18: Effizienz der Impaktion für Abweichungen von der isokinetischen Bedingung gleichen statischen Drucks im Abgasstutzen und der Messsonde und der Sondenorientierung für den Andersen Kaskadenimpaktor

Probengas sowie größenabhängiger Sinkgeschwindigkeiten der Partikel und wurden an die Ergebnisse umfangreicher Messreihen angepasst. Für den Fall, dass die Probenahmesonde parallel zur Strömungsrichtung des Messgases ausgerichtet ist, beschreibt Gl. (3.8) das Konzentrationsverhältnis C/C_0 in Abhängigkeit vom Geschwindigkeitsverhältnis u/u_0 [37]. Die Gleichung gilt für verschiedene Stokeszahlen St, die das Verhalten von Partikeln bestimmter Durchmesser in Fluidströmungen bestimmter Geschwindigkeiten und Viskositäten als Kennzahl beschreiben.

$$\frac{C}{C_0} = 1 + \left(\frac{u_0}{u} - 1\right)\left[1 - \frac{1}{1 + (2 + 0,62 \cdot \frac{u}{u_0}) \cdot St}\right] \tag{3.8}$$

Für Sondenorientierungen, die von der Strömungsrichtung des Messgases abweichen, kann Gl. (3.8) um Terme erweitert werden, die die Neigung der Strömungsquerschnitte und die Umlenkung der Strömung in Richtung der Sonde berücksichtigen. Für Sondenwinkel θ zwischen 0° und 90° lässt sich das Konzentrationsverhältnis durch Gl. (3.9) beschreiben [82].

$$\frac{C(\theta)}{C_0} = 1 + \left(\frac{u_0}{u} \cdot \cos\theta - 1\right)\left[1 - \frac{1}{1 + G_\theta \cdot St \cdot (\cos\theta + 4\sqrt{\frac{u_0}{u}} \cdot \sin\theta)}\right] \tag{3.9}$$

Da sich G_θ nur geringfügig mit θ ändert, können mit $G_\theta \approx 2,1$ gute Übereinstimmungen mit Messungen erzielt werden [82]. Für den Sonderfall, dass $\theta = 90°$ beträgt, vereinfacht sich Gl. (3.9) zu Gl. (3.10).

$$\frac{C(90°)}{C_0} = \frac{1}{1 + 4G_{90°} \cdot St \cdot \sqrt{\frac{u_0}{u}}} \tag{3.10}$$

In Abbildung 3.18 ist die Auswertung der Gleichungen (3.9) und (3.10) für den Betriebsbereich des Andersen Kaskadenimpaktors dargestellt. Die isokinetische Bedingung wird in der Messstrecke des Impaktors über eine Differenzdruckmessung zwischen dem statischen Druck im Abgaskanal und dem statischen Druck in der Impaktorsonde realisiert. Da die Messabweichung für $u < u_0$ für den gleichen absoluten Wert von $|u - u_0|$ größer ist als für $u > u_0$, wurde der Differenzdruck $\Delta p = p_{\mathrm{stat,Abgas}} - p_{\mathrm{stat,Sonde}}$ auf einen Bereich zwischen 0 ... 3 Pa eingestellt, der in Abbildung 3.18 hellgrau dargestellt ist. Je nach Rauchgasgeschwindigkeit im Abgaskanal, die vor allem von der Feuerungswärmeleistung und vom Luftüberschuss der Verbrennung abhängt, verändert sich die Effizienz der Impaktion, die hier für eine mittlere Rauchgasgeschwindigkeit von 2,5 m/s berechnet wurde und damit dem mittleren Rauchgasvolumenstrom bei ca. 13 % Rest-O_2 entspricht.

Die Fehlstellung der Sondenorientierung wirkt sich deutlich geringer auf das Impaktionsergebnis aus, als die Absauggeschwindigkeit des Probengases. Als dunkelgrauer Bereich ist die Variation der Sondenorientierung zwischen 0 ... 10° relativ zur Strömungsrichtung bei $u = u_0$ in Abbildung 3.18 eingezeichnet. In der Messpraxis kann die Sonde genauer auf die Strömungsrichtung ausgerichtet werden, sodass diese Abweichung vernachlässigt werden kann.

Insgesamt lässt sich die Messungenauigkeit durch nicht-isokinetische Probenahme beim Andersen Kaskadenimpaktor auf höchstens 8 % bei Partikeln der größten Durchmesserklasse eingrenzen. Für Partikel kleiner als 3 µm liegt die Fehlbestimmung bei unter 1 %.

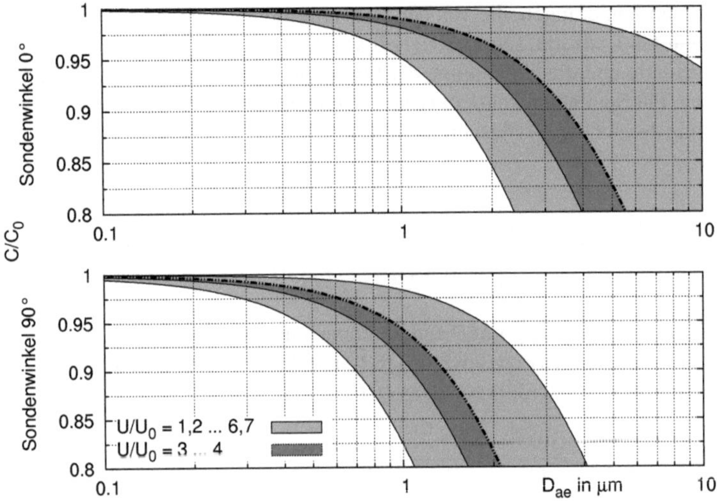

Abbildung 3.19: Effizienz der Impaktion für Abweichungen von der isokinetischen Bedingung für den Betriebsbereich des ELPI bei den Sondenwinkeln 0° und 90°

Für die Abschätzung der Effizienz der Impaktion beim ELPI wird Gl. (3.10) verwendet, da die Entnahmerichtung senkrecht zur Strömungsrichtung des Abgases verläuft. In Abbildung 3.19 sind die Konzentrationsverhältnisse für den Betriebsbereich des ELPI für die Sondenwinkel 0° (oben) und 90° (unten) dargestellt. Da das Geschwindigkeitsverhältnis u/u_0 vom Verdünnungsgrad des FPS-4000 und von der Strömungsgeschwindigkeit im Abgaskanal, also dem Luftüberschuss, abhängt, ergibt sich ein breiter theoretischer Betriebsbereich, der durch $u/u_0 = 1{,}2$

am unteren Rand und $u/u_0 = 6,7$ am oberen Rand begrenzt wird und der in der Abbildung hellgrau dargestellt ist. Tatsächlich wurde der Großteil der Messungen in einem enger definierten Bereich durchgeführt, der sich aus der Kombination der Quartilsbereiche der Probengas- und Abgasgeschwindigkeiten aller Messungen ergibt und hier dunkelgrau hinterlegt ist. Für die Partikelklasse mit einem aerodynamischen Durchmesser von ca. 1 µm beträgt die Fehlbestimmung der Partikelkonzentration zwischen 6 und 9 %. Mit zunehmendem Partikeldurchmesser steigt der Fehler stark an. Bei Partikeln mit $D_{ae} \approx 2\,\mu m$ ist das Konzentrationsverhältnis kleiner als 80 %. Die relevanten Partikelgrößenklassen mit $D_{ae} < 1\,\mu m$ werden mit Abweichungen von unter 5 % bestimmt.

Durch die Wahl eines möglichst geringen Verdünnungsverhältnisses und ein großes Verhältnis von Messgasgeschwindigkeit zu Strömungsgeschwindigkeit im Abgaskanal u/u_0 kann das Impaktionsergebnis für Partikel größeren Durchmessers verbessert werden.

3.3.2 Gravimetrische Bestimmung der Partikelmasse

Da die Methodik der Probenahme mit dem Andersen Kaskadenimpaktor eine Vielzahl an manuellen Arbeitsschritten vorsieht, ist die gravimetrische Bestimmung der Partikelmasse fehlerträchtig. Sowohl bei Einsatz und Entnahme der Sammelplatten in den bzw. aus dem Impaktor sowie beim Trocknen und Wiegen müssen die spröden Glasfaserplatten mit der Pinzette aufgenommen und bewegt werden. Zur Vermeidung von Fehlerquellen während der manuellen Arbeitsschritte an der Messstrecke wurden Aluminiumbriefchen eingesetzt. Die Sammelplatten wurden mit den Al-Briefchen getrocknet und eingewogen. Nach der Messung wurden die Platten wieder in die Briefchen gebracht, die dann verschlossen wurden, um den Massenverlust zu minimieren. Durch die große gemeinsame Masse der Briefchen und der Sammelplatten von zusammen ca. 600 – 700 mg ist die relative Messunsicherheit durch die Messgenauigkeit der verwendeten Feinwaage (0,1 mg) mit 0,014 – 0,017 % gering. Da die Staubmassen durch Differenzwägung ermittelt werden, bedeutet die Auflösung der Feinwaage dabei eine deutlich größere Messunsicherheit.

Abbildung 3.20 zeigt die mittleren relativen Messunsicherheiten der einzelnen Impaktorstufen, bezogen auf die mittlere gemessene Masse, für die vier Brennstoffe HP, RP, GK und WK. Bis auf die Messungen mit GK erreichen die Werte der Messunsicherheit bis zu 20 %. Durch die konstante absolute Unsicherheit von 0,1 mg sind insbesondere die Impaktorstufen mit den geringsten Massenanteilen betroffen. Im Partikelgrößenbereich PM_1, in dem sich die Partikelmasse konzentriert, sinkt die Messunsicherheit für alle Brennstoffe unter 7 %. Für den Endfilter beträgt sie für alle Brennstoffe unter 0,6 %.

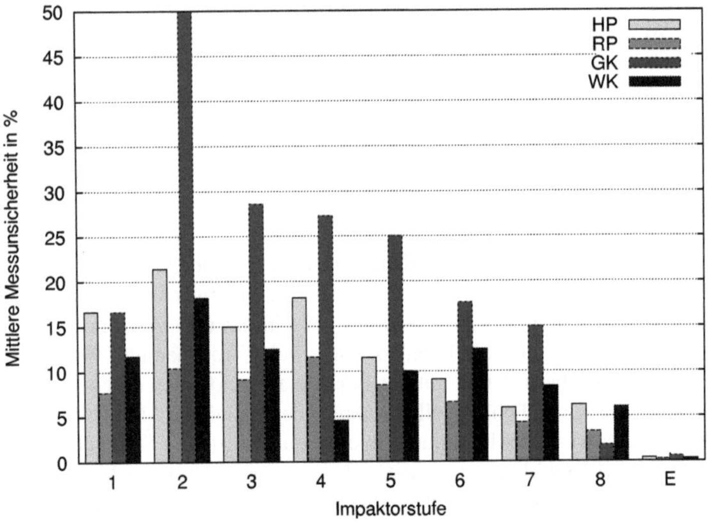

Abbildung 3.20: Mittlere Messunsicherheit je Impaktorstufe durch die Auflösung der Messwaage (0,1 mg) zur gravimetrischen Bestimmung der Partikelkonzentration (E: Endfilter)

3.3.3 Bestimmung der Partikelkonzentrationen mit dem ELPI

Es existiert eine Vielzahl möglicher Ursachen für Messunsicherheiten bei der Bestimmung der Partikelanzahlkonzentration mit dem ELPI. Darunter fallen Ungenauigkeiten, die beim Hersteller liegen, wie u. a. die Trennschärfe der Impaktorplatten, die Kalibrierung des Geräts, die Korrelation der elektrischen Partikelladung zur Partikelanzahl, die Regelung der Spannung der Corona-Sprühelektrode, die Ladungsmessung auf den Impaktorplatten und der Korrekturalgorithmus für den Verlust kleiner Partikel auf den oberen Impaktorplatten. Da das ELPI als „Black-Box" betrieben wird, kann über diese Gruppe der Messunsicherheiten keine Aussage gemacht werden.

Zusätzliche Ungenauigkeiten entstehen bei der Berechnung der Stokes-Durchmesser für die Partikelklassen, die wiederum von Partikeldichte, Viskositätsberechnung bei Messbedingungen und Cunningham-Faktor abhängen. Im Kontext der Klassierungsunschärfe der Impaktorstufen können diese Ungenauigkeiten jedoch vernachlässigt werden, auch wenn sie bei der Berechnung der Partikelmassenkonzentration mit der dritten Potenz einfließen.

Wegen der relativ großen Schwankungsbreite der ELPI-Rohdaten in den einzelnen Impaktorstufen werden o. g. Ungenauigkeiten vernachlässigt. Die Mittelwertbildung über 30 Minuten bei einer zeitlichen Auflösung des Messgeräts von 1 Sekunde sorgt für eine ausreichend große Stichprobenmenge für eine statistische Auswertung.

3.3.4 Elementarbestimmung durch REM-EDX

Bei der Elementarbestimmung mit dem energiedispersiven Röntgenspektroskop, das in das Rasterelektronenmikroskop integriert ist, werden die Röntgenspektren der Probe mit denen von Standards verglichen, die in einer Datenbank im Gerät hinterlegt sind. Der Grad der Übereinstimmung der Messwerte mit den gespeicherten Spektren der Standards ist ein Maß für die Messgenauigkeit. In Abbildung 3.21 ist die relative Standardabweichung der Messergebnisse je Probe über dem Mittelwert der Messungen aufgetragen.

Bedingt durch die absolute Messunsicherheit der Elementarbestimmung mit Standards, ist die relative Standardabweichung besonders im Bereich kleiner Messwerte hoch, ab größeren Messwerten von etwa 60 % sinken die relativen Standardabweichungen deutlich unter 10 %. Für 49 % der Mittelwerte liegt die absolute Standardabweichung unterhalb der mittleren Messunsicherheit des Messgeräts von $2\sigma = 2,15$ %-Punkten. Mehr als 2/3 der Standardabweichungen sind kleiner als 5 %-Punkte.

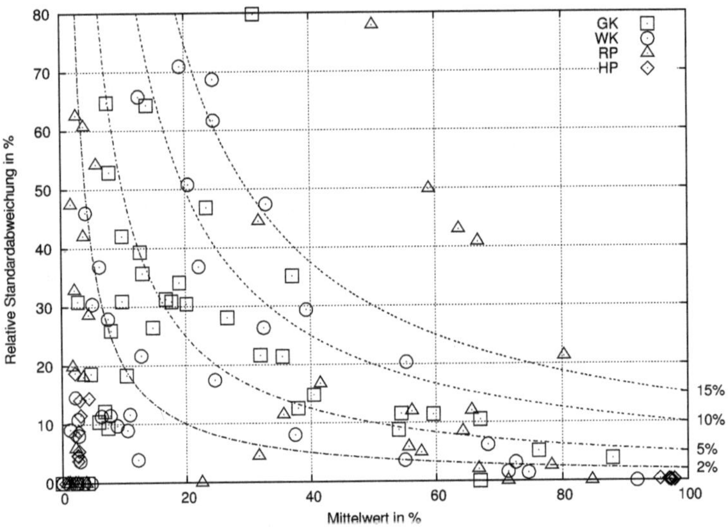

Abbildung 3.21: Relative Standardabweichung der REM-EDX-Messergebnisse je Probe über dem Mittelwert der Stoffkonzentration, die Kurvenschar stellt Linien gleicher absoluter Standardabweichung dar

3.3.5 Messung der Gasbestandteile des Abgases

Vor den Messungen der Abgasparameter NO, SO_2, CO, CO_2 und O_2 wurde das eingesetzte Abgasanalysesystem Horiba PG-250 mit Hilfe von Prüfgasmischungen vor jedem Messeinsatz kalibriert. Eine Messwertdrift über den Messzeiträumen ist mit der Anzeigegenauigkeit des Messgeräts nicht nachweisbar gewesen. Für alle Kalibriergaskomponenten ist vom Hersteller eine relative Analysentoleranz von ± 2 % als Produkt der Standardunsicherheit Δx_i und des Erweiterungsfaktors k ausgewiesen. Wird für die Gaskonzentration eine Normalverteilung angenommen, ist $k = 2$ und damit $\Delta x_{i,\mathrm{kal}} = 1\,\%$. Durch die Ablesegenauigkeit des Messgeräts ergibt sich eine weitere Ungenauigkeit, die für den O_2-Wert mit $2 \cdot \Delta x_{\mathrm{O_2,Anz}} = {}^{0{,}01\,\%}/_{10\,\%} = 0{,}001 = 0{,}1\,\%$ am Kalibrierpunkt bestimmt werden kann.

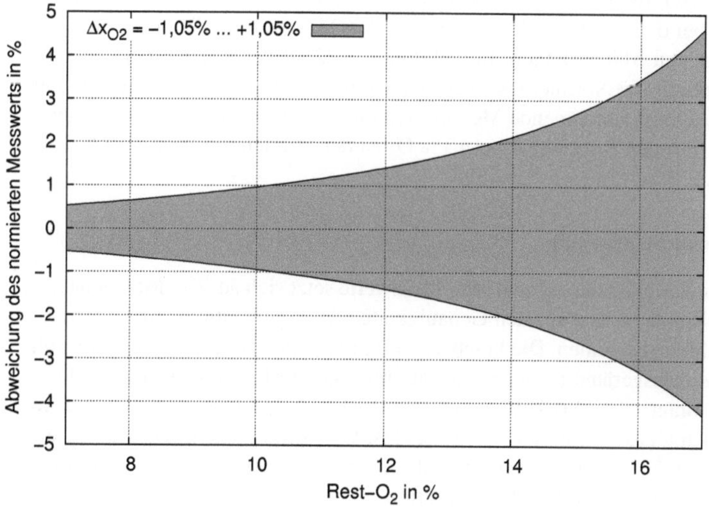

Abbildung 3.22: Prozentuale Abweichung des auf 13 % O_2 normierten Messwerts vom Restsauerstoffgehalt im Abgas bei einem maximalen Messfehler von $-0{,}05\,\%$ bis $+0{,}05\,\%$ des O_2 Gehalts am Kalibrierpunkt (10 % O_2)

Von den Abgaskomponenten ist der O_2-Wert für die übrigen Messwerte relevant, da die anderen Gasbestandteile im Rahmen dieser Arbeit lediglich ergänzenden Charakter haben. Da alle Messergebnisse auf 13 % Restsauerstoffgehalt bezogen werden, pflanzt sich die Messunsicherheit bei der Bestimmung des O_2-Gehalts im Abgas $\Delta x_{O_2} = \Delta x_{O_2,\mathrm{kal}} + \Delta x_{O_2,\mathrm{Anz}} = 1,05\,\%$ in den normierten Werten der anderen Messgrößen fort. Gleichung (3.11) zeigt das Verhältnis der mit der Messunsicherheit Δx_{O_2} behafteten normierten Konzentration c' zur fehlerfrei normierten Konzentration c.

$$
\begin{aligned}
c' &= c^* \cdot \frac{21 - 13}{21 - (1 + \Delta x_{O_2}) \cdot x_{O_2}} \\
\frac{c'}{c} &= \frac{21 - x_{O_2}}{21 - (1 + \Delta x_{O_2}) \cdot x_{O_2}}
\end{aligned}
\tag{3.11}
$$

Über den hier relevanten Wertebereich des Restsauerstoffgehalts von ca. 7 bis 17 % verursacht die Messunsicherheit des O_2 ($-1,05\,\%$ bis $+1,05\,\%$) Messunsicherheiten bei den auf 13 % Rest-O_2 normierten Messwerten, die bis in die Größenordnung von 5 % ansteigen. In Abbildung 3.22 ist der Bereich der Messunsicherheit durch die Normierung über den Wertebereich des Rest-O_2 für die mit dem O_2-Messwert zunehmende Messunsicherheit des Sauerstoffwerts in hellgrau dargestellt. Für den Normpunkt bei 13 % O_2 ist der Bereich der Messunsicherheit $-1,5\,\%\ldots1,8\,\%$.

3.3.6 Zusammenfassung

Die Messgenauigkeit der aggregierten Messwerte setzt sich aus den Messgenauigkeiten der Rohdaten und aus den Genauigkeiten der Aggregations- bzw. Normierungsverfahren zusammen. Die kinetischen Bedingungen bei der Probenahme mit den Partikelmessgeräten erzeugen für den relevanten Messbereich (PM_1) Messfehler von unter 1 % (AI) bzw. unter 6 % (ELPI). Je nach Sauerstoffgehalt im Rauchgas kann die Normierung auf 13 % Rest-O_2 eine zusätzliche Messunsicherheit von bis zu 4,5 % am oberen Ende des Restsauerstoffspektrums hervorrufen. Messungen nahe der Kalibrierkonzentration sind lediglich mit einer Unsicherheit von 0,5 % behaftet. Die Messunsicherheit bei der Bestimmung der Elementarzusammensetzung mit dem REM-EDX ist für große Elementfraktionen kleiner als die mittlere Messunsicherheit des Messgeräts. Für kleine Elementfraktionen unter 20 % Gesamtanteil ist die Messunsicherheit allerdings so groß, dass die Messwerte nur als Schätzung dienen können.

Messwertschwankungen wurden mit Mittelwertbildung über relativ große Zeiträume, verglichen mit der Abtastfrequenz der Messwerte, ausgeglichen.

4 Charakterisierung der Partikelemissionen

4.1 Brennstoffspezifische Charakteristika

4.1.1 Einfluss der Elementkonzentration im Brennstoff

Die Ergebnisse der REM-Analyse (vgl. Kapitel 3.2.4) zeigen unterschiedliche Stoffkonzentrationen in den Partikelsammlungen der untersuchten Brennstoffe. Diese Unterschiede lassen sich auf die Elementarzusammensetzung der Brennstoffe zurückführen.

Abbildung 4.1 zeigt die volumetrische Konzentration ausgewählter Elemente in der impaktierten Partikelsumme über der jeweiligen Konzentration im Brennstoff. Für die relevanten Stoffe K, Cl, S und P ist ein deutlicher Zusammenhang zwischen Ausgangskonzentration im Brennstoff und resultierender Konzentration in den emittierten Partikeln zu erkennen.

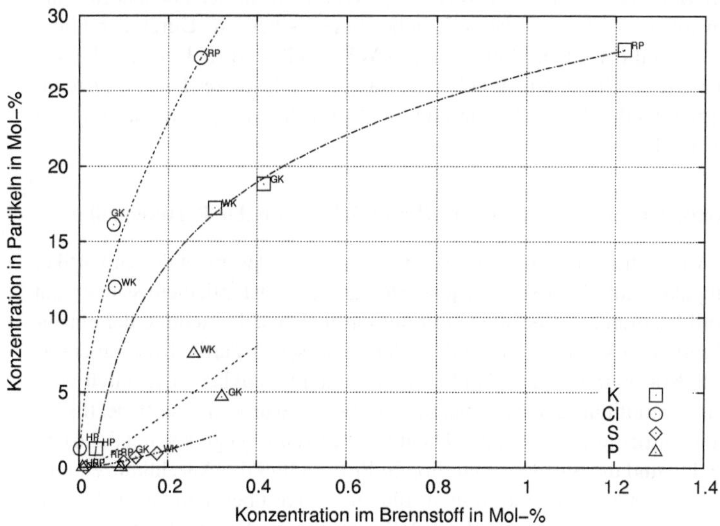

Abbildung 4.1: Konzentration ausgewählter Elemente in den impaktierten Partikeln über der jeweiligen Brennstoffkonzentration

Die Kaliumkonzentration in den Partikeln steigt stetig aber mit sich verringerndem Gradienten mit der Konzentration im Brennstoff von HP über WK und GK hin zu RP. Der Konzentrationsgradient des Chlors verläuft deutlich steiler als der des Kaliums. Für Phosphor und Schwefel liegen sowohl die Konzentrationen in den Partikeln als auch die Gradienten deutlich unter denen der Stoffe K und Cl. Aufgrund der geringen Konzentrationen lassen sich keine Aussagen über die Veränderung des Gradienten mit steigender Konzentration der Stoffe im Brennstoff treffen.

Mit zunehmender Elementkonzentration im Brennstoff verläuft die Kurve für Kalium deutlich flacher als die der anderen Elemente. Das deutet darauf hin, dass die Mobilität des Kaliums in die Gasphase durch das Angebot an Anionen, vor allem Chlor, im Brennstoff limitiert wird, denn die Konzentration von Kalium ist mit Abstand am größten.

Bei nahezu gleicher Chlorkonzentration im Brennstoff finden sich bei WK weniger Chlor-Ionen in den Partikeln als bei GK, was nur zum Teil durch das bei WK geringere Kaliumangebot als bei GK erklärt werden kann. Während die Phosphate bei WK-Partikeln etwa zur Hälfte in Verbindung mit Kalium auftreten, beträgt der Anteil bei GK-Partikeln nur 30 % (vgl. Kapitel 3.2.4), so dass mehr Kalium zur Bildung von KCl zur Verfügung steht, obwohl der Phosphorumsatz vom Brennstoff in die Partikel bei WK höher liegt als bei GK. Durch den höheren Zelluloseanteil der GK im Vergleich mit WK - WK sind spelzenfrei - könnte das KCl bei GK bereits zu einem höheren Anteil in molekularer Form im Brennstoff vorliegen, wodurch das Kalium nicht mehr für die Phosphatfreisetzung zur Verfügung stünde.

4.1.2 Partikelzusammensetzung in Abhängigkeit von der Partikelgröße

Durch die Auswertung der Elementarzusammensetzung der impaktierten Partikel je ELPI-Impaktorstufe lässt sich für jede Stoffgruppe der Partikelemissionen ein Größenprofil bestimmen. Zusammen mit der Partikelanzahlverteilung der einzelnen Impaktorstufen kann so der Einfluss der chemischen Partikelzusammensetzung auf die Konzentrationsprofile über die Partikelgrößenklassen ermittelt werden. Für die Ermittlung der Massenkonzentrationen wurde die stoffspezifische aber über die Partikelgröße konstante Dichte ρ_K verwendet (vgl. Kapitel 3.2.6). In Abbildung 4.2 sind die Stoffkonzentration in Prozent und die Anzahlkonzentration sowie die Massenkonzentration in absoluten Werten über dem Partikeldurchmesser für die impaktierten Partikel von HP aufgetragen. Da die Partikel vorrangig aus Ruß bestehen, kann der Einfluss der Salze hier vernachlässigt werden. Die Anzahl- und Massenverteilungen entsprechen dem Emissionsgrößenspektrum der Rußpartikel für diese Versuchsfeuerungsanlage mit HP.

Bei RP (siehe Abbildung 4.3) ist die Partikelzusammensetzung inhomogener. Im Bereich der höchsten Anzahlkonzentrationen um einen Partikeldurchmesser von etwa 100 nm bestehen die Partikel zu 20 bis 55 % aus Ruß, den übrigen Teil macht hauptsächlich KCl mit geringen Anteilen von K_2SO_4 aus. Klare Abhängigkeiten von einem Partikelbestandteil sind hier nicht gegeben: von der Durchmesserklasse von ca. 30 bis 50 nm hin zu 60 bis 90 nm steigt die Partikelanzahl um den Faktor 3,5 während der Rußanteil relativ um 14 % zu Lasten der KCl-Konzentration zunimmt. Auf der fallenden Seite der Verteilung, vom Durchmesserbereich 60 - 90 nm hin zu 90 - 108 nm, verringert sich die Anzahlkonzentration um etwa 30 % bei einer Verdoppelung des KCl-Anteils bzw. Absinken des Rußanteils um ca. 70 %. Die Massenkonzentration zwischen 100 nm und 1 µm bleibt relativ konstant bei steigendem Anteil an Ruß in den Partikeln. Im Bereich großer Partikeldurchmesser (400 bis 500 nm und 1 bis 2 µm) folgt die Massenkonzentration dem Rußanteil, wenn auch nicht mit dem gleichen Proportionalitätsfaktor.

Die Partikelzusammensetzung im Bereich der Anzahlmaxima bei GK (siehe Abbildung 4.4) besteht zu ca. 50 % aus Phosphaten. In der Größenklasse bis ca. 10 nm haben K_2SO_4 und KCl nur einen kleinen Anteil, Ruß macht ca. 40 % der Partikel aus. In der Zusammensetzung des zweiten Maximums um ca. 70 bis 90 nm wird der Anteil an Ruß mit zunehmender Partikelgröße geringer und sinkt von 25 auf ca. 15 %. An den Stellen im Spektrum mit den höchsten Rußanteilen erreicht die Anzahlkonzentration lokale bzw. globale Minima. Ähnliches gilt für die Massenkonzentration, die um den Durchmesserbereich von 200 bis 400 nm dort ihr Maximum erreicht, wo der KCl-Anteil am höchsten ist.

Abbildung 4.5 zeigt die Zusammenhänge für WK. Obwohl die Partikelzusammensetzung im Bereich zwischen 15 und 90 nm nahezu gleich bleibt, entwickelt sich bis zum Partikeldurchmesser von 100 nm ein Anzahlmaximum, das in den Bereich größerer Durchmesser hin wieder abfällt. In diesem Bereich nehmen sowohl der molare Phosphat-Anteil als auch der KCl-Anteil in den Partikeln deutlich zu. Die Massenkonzentration verläuft in erster Näherung ähnlich wie bei GK entgegengesetzt-proportional zur Rußkonzentration in den Partikeln. Sie erreicht ihren höchsten Wert im Bereich um 250 bis 400 nm bei steigendem KCl-Anteil in den Partikeln.

Zumindest bei den Körnerbrennstoffen verlaufen die Kurven der Massenkonzentration und des molaren KCl-Anteils in etwa proportional. Insgesamt weisen die Analysen aber einige widersprüchliche Zusammenhänge auf. So sind einerseits keine klaren Aussagen über direkte Abhängigkeiten von Partikelkonzentration und Partikelzusammensetzung gegeben, andererseits zeigen Partikelkonzentrationen der Pelletbrennstoffe eine vage Proportionalität zur Rußkonzentration, während dieser Zusammenhang bei den Körnerbrennstoffen umgekehrt-proportional ist. Daher ist keine eindeutige Abhängigkeit des Partikelspektrums von der Partikelzusammensetzung gegeben, die Ergebnisse deuten vielmehr auf den Einfluss physikalischer Zusammenhänge wie z. B. Agglomerationsprozesse hin.

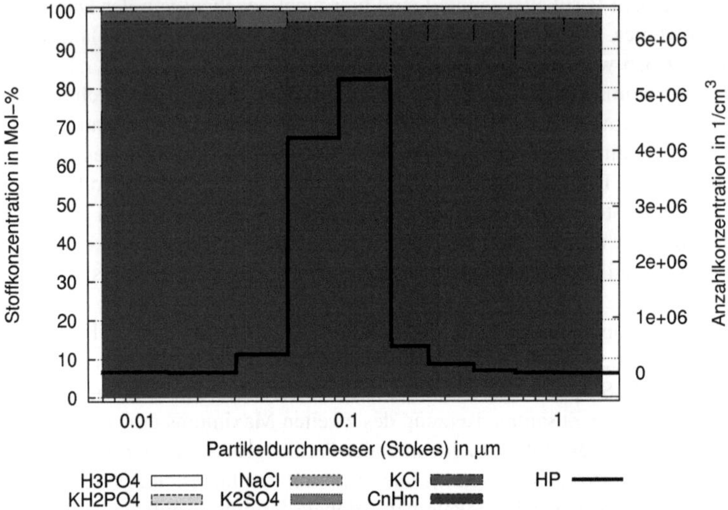

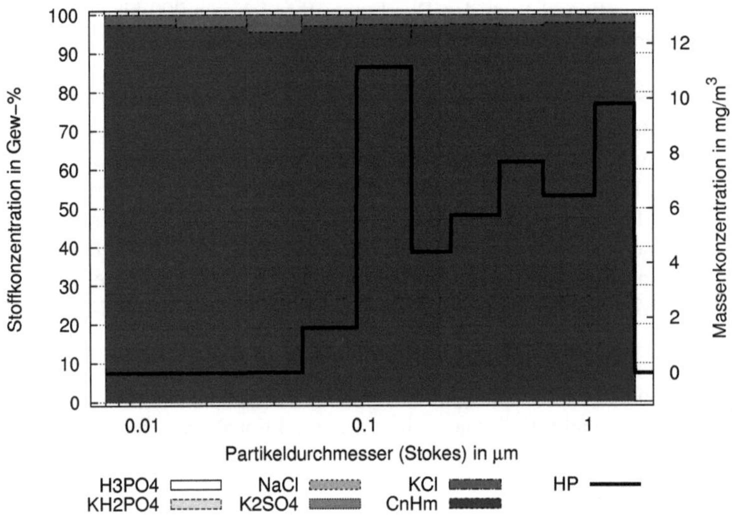

Abbildung 4.2: Stoffkonzentration (Flächen) und Anzahlkonzentration (durchgezogene Linie, oben) bzw. Massenkonzentration (durchgezogene Linie, unten) über dem Partikeldurchmesser für Holzpellets

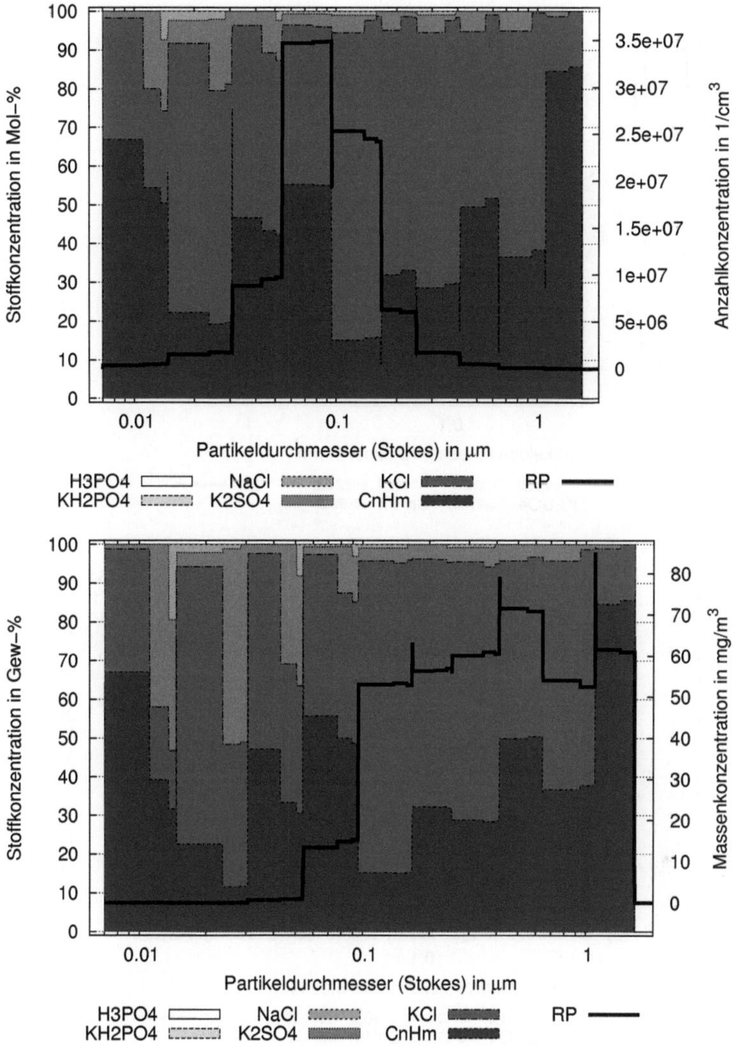

Abbildung 4.3: Stoffkonzentration (Flächen) und Anzahlkonzentration (durchgezogene Linie, oben) bzw. Massenkonzentration (durchgezogene Linie, unten) über dem Partikeldurchmesser für Roggenstrohpellets

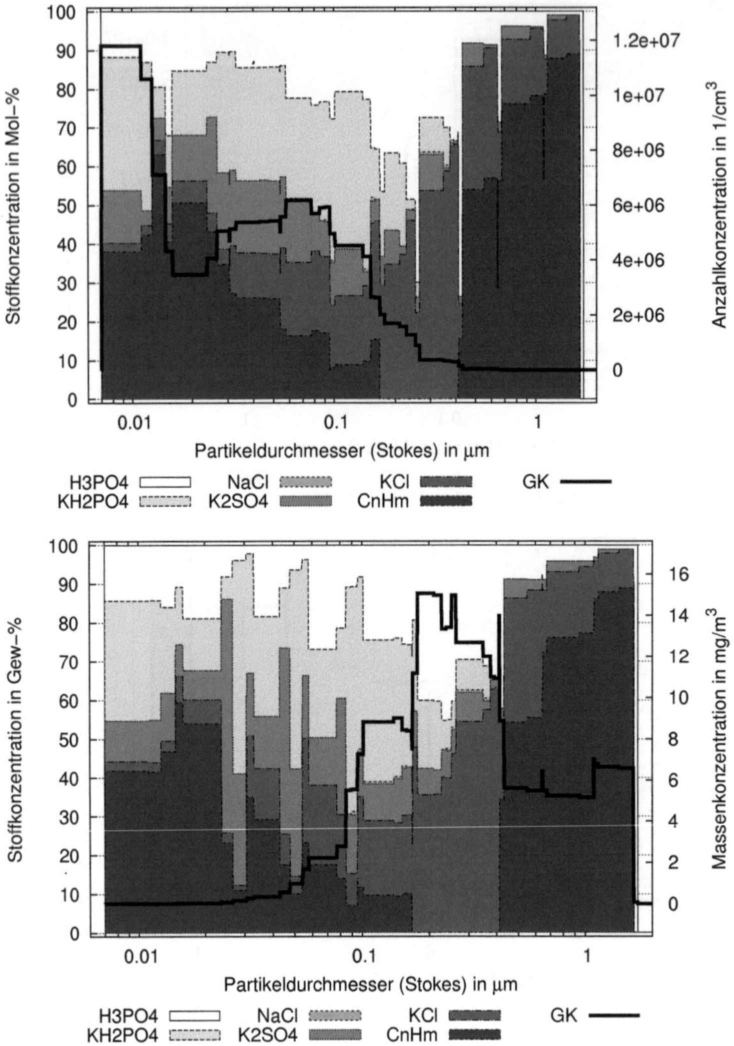

Abbildung 4.4: Stoffkonzentration (Flächen) und Anzahlkonzentration (durchgezogene Linie, oben) bzw. Massenkonzentration (durchgezogene Linie, unten) über dem Partikeldurchmesser für Gerstenkörner

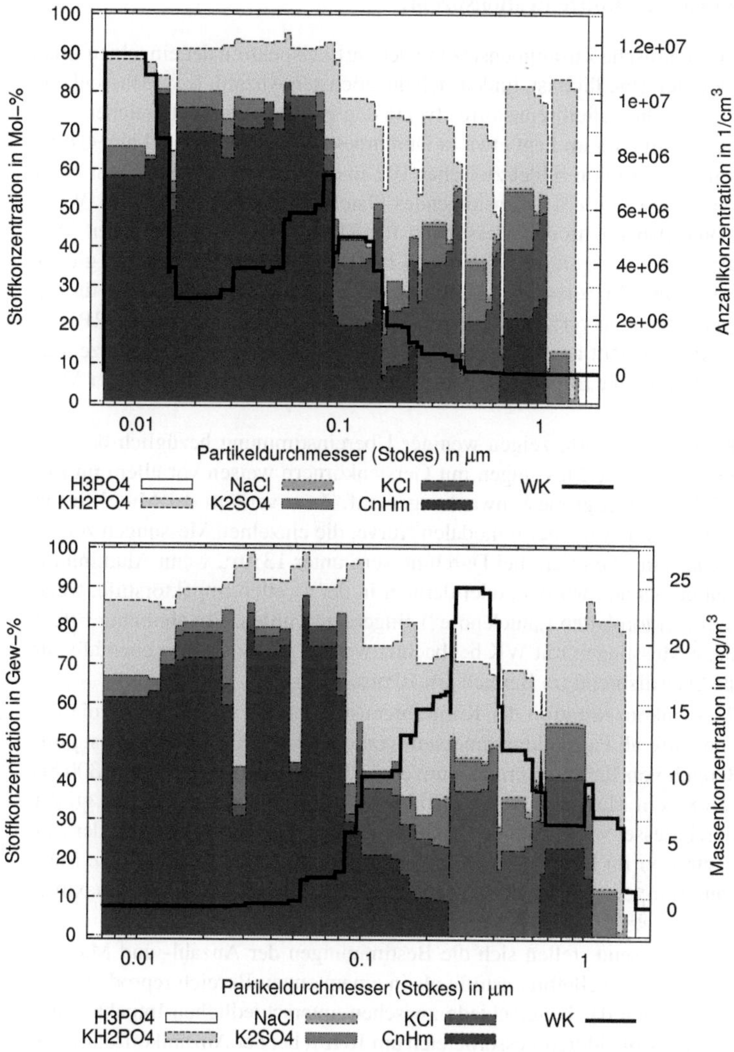

Abbildung 4.5: Stoffkonzentration (Flächen) und Anzahlkonzentration (durchgezogene Linie, oben) bzw. Massenkonzentration (durchgezogene Linie, unten) über dem Partikeldurchmesser für Weizenkörner

4.1.3 Statistische Konzentrationsprofile

Obwohl die chemische Zusammensetzung der Partikelspektren der einzelnen Brennstoffe stark unterschiedlich ist, finden sich die höchsten Anzahl- bzw. Massenkonzentrationen für die Pelletbrennstoffe etwa in den gleichen Größenbereichen wieder. Das Anzahlmaximum liegt etwa in Durchmesserbereichen um 60 bis 90 nm, die Massenkonzentration bildet zwischen $0,1$ und $2\,\mu m$ ein im Mittel von 10 % auf 25 % (RP) bzw. 35 % (HP) ansteigendes Plateau (siehe Abbildung 4.6). Während die Quartilsbereiche der Messungen für RP nur geringfügig um den Mittelwert schwanken, zeigen die Messungen bei HP besonders im Bereich großer Durchmesser eine Quartilsschwankung von ca. 5 %-Punkten. Sowohl die für die REM-Untersuchungen verwendete Partikel-Messung für HP als auch für RP (gestrichelte Linie) weicht an einigen Stellen vom Mittelwert der Anzahlkonzentrationen (durchgezogene Linie) bzw. vom Quartilsbereich (graue Fläche) aller Messungen ab.

Die Körnerbrennstoffe zeigen weniger Übereinstimmung bezüglich der Anzahlkonzentration. Die Messungen mit Gerstenkörnern weisen vor allem im Bereich von 7 bis 30 nm große Schwankungen auf. Zwar verläuft der Mittelwert in diesem Bereich in Form einer bimodalen Kurve, die einzelnen Messungen zeigen aber entweder ein Maximum bei Durchmessern unter 13 nm, wenn Aluminiumsammelplatten benutzt wurden, oder darüber in der zweiten Impaktorstufe, wenn gesinterte Impaktorplatten („nuclepore“) eingesetzt wurden. Ein ähnlicher Effekt kann bei den Messungen mit WK beobachtet werden und sorgt dort ebenfalls für eine große Quartilsbreite im Bereich um 10 nm.

Die Massenkonzentration der Körnerbrennstoffe steigt ebenfalls wie die der Pelletbrennstoffe ab Partikeldurchmessern von ca. 80 bis 90 nm in einen signifikanten Bereich von 10 % und erreicht um etwa 200 bis 300 nm (GK) bzw. 300 bis 500 nm (WK) ein Maximum von ca. 20 bis 30 %, um bis in den Bereich großer Partikeldurchmesser wieder auf ca. 10 % abzusinken. Die Schwankungen der Anzahlkonzentration im Bereich um 10 nm haben keine Auswirkung auf die Massenkonzentration, deren Quartilsschwankung im Bereich von ±1 % bis maximal ±3 % liegt.

Zusammenfassend stellen sich die Bestimmungen der Anzahl- und Massenkonzentrationen der Pelletbrennstoffe als in einem engen Bereich reproduzierbar dar. Mit Ausnahme der Unterschiede zwischen unterschiedlichen Impaktorsammelplatten im Partikeldurchmesserbereich um 10 nm bei der Anzahlkonzentration gilt diese Aussage auch für die Körnerbrennstoffe. Vor allem bei der Massenkonzentration zeigen sich für alle Brennstoffe nur geringe Schwankungsbreiten. Zwar liegt der Großteil der emittierten Partikelmasse bei allen Brennstoffen im Durchmesserbereich zwischen $0,1$ und $1\,\mu m$, die Profile der Massenkonzentrationen unterscheiden sich jedoch zwischen den Brennstoffgruppen. Bei den Pelletbrenn-

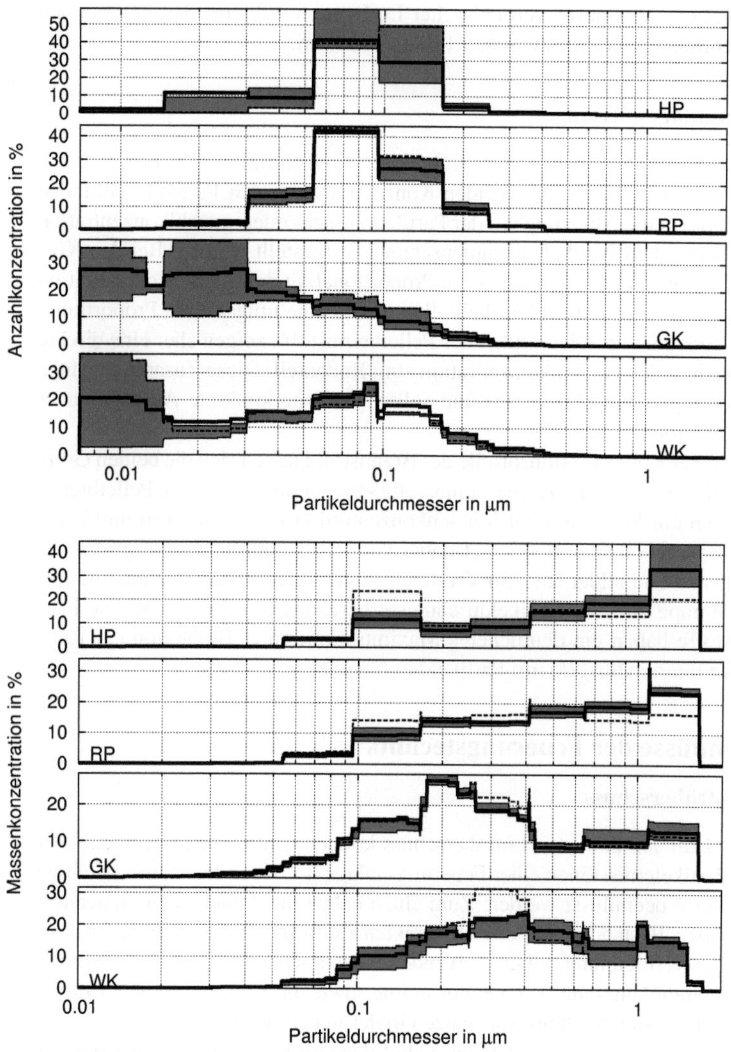

Abbildung 4.6: Statistische Auswertung der Anzahlkonzentration (oben) bzw. Massenkonzentration über dem Partikeldurchmesser, Quartilsbereiche (grau), Mittelwert (durchgezogene Linie) und Messung mit REM-Auswertung (gestrichelt)

stoffen liegt der Massenschwerpunkt eher im Bereich größerer Partikel, bei den Körnerbrennstoffen liegt er zwischen 150 und 500 nm.

4.1.4 Zusammenfassung

Während eine klare Korrelation zwischen der Konzentration von K, Cl und P im Brennstoff und der entsprechenden Konzentration in den Partikeln gefunden wurde, konnte keine Abhängigkeit der Partikelmassen- oder -anzahlkonzentration von der chemischen Partikelzusammensetzung festgestellt werden. Bei den Körnerbrennstoffen zeichnet sich eine vage Proportionalität der Massenkonzentration zum molaren KCl-Anteil im Partikelkollektiv und eine umgekehrte Proportionalität zum Rußanteil ab. Die Partikel der Pelletbrennstoffe zeigen eher eine direkte Proportionalität der Massenkonzentration zum Rußanteil. Diese Zusammenhänge treten allerdings nicht klar heraus und sollten für eine konkrete Aussage näher untersucht werden.

Anhand der Konzentrationsprofile der Brennstoffe lassen sich die beiden Gruppen - Pelletbrennstoffe und Körnerbrennstoffe - weiter unterscheiden. Pelletbrennstoffe weisen ein Maximum der Massenkonzentration zwischen 1 μm und 2 μm auf. Die Massenkonzentration steigt dabei von Partikeldurchmessern größer als 100 nm aus an und bildet eine, im Vergleich zu den Körnerbrennstoffen, undifferenzierte Rampe hin zum Partikeldurchmesserbereich 1 μ m bis 2 μ m. Die Körnerbrennstoffe haben ein deutlicheres Maximum mit einer Breite von ca. 100 - 200 nm im Bereich um 300 nm Partikeldurchmesser.

4.2 Einflüsse der Feuerungstechnik

4.2.1 Luftüberschuss

Durch die Luftzahl bzw. den Luftüberschuss können Emissionen allgemein aber auch die Partikelemissionen einer Feuerungsanlage im Besonderen auf vielfältige Art und Weise beeinflusst werden. Zum einen haben die Angebote an Sauerstoff und an inerten Bestandteilen der Luft direkten Einfluss auf die chemischen Prozesse bei der Verbrennung selber, zum anderen bestimmen die Gasvolumenströme das Geschwindigkeits- und Temperaturregime sowie die Konzentration der Emissionen und Emissionsvorläufersubstanzen in der Feuerungsanlage.

Abbildung 4.7 zeigt den relativen Anteil der Partikelanzahlkonzentration als 15 min Mittelwerte je Impaktorstufe über dem Restsauerstoffgehalt im Rauchgas exemplarisch für GK. Die Graphen für die anderen Brennstoffe sind in Anhang A.2 aufgeführt. Die Messwerte sind nach dem Probenträger, „np“ für gesinterte Platten („nuclepore“) und „al“ für Aluminiumplatten, unterschieden. In der Tendenz lässt sich ein Zusammenhang zwischen den Größen Partikelanzahl und

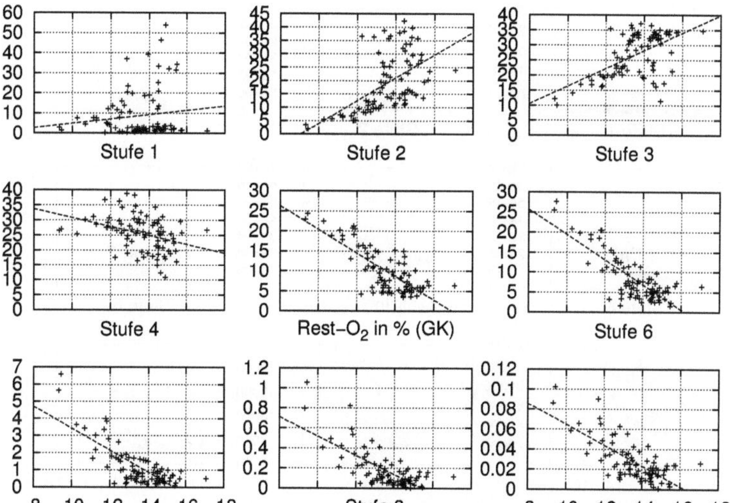

Abbildung 4.7: 15min Mittelwerte der Partikelanzahlkonzentrationen je Impaktorstufe in Abhängigkeit vom Rest-O_2-Gehalt, relativ zur Gesamtanzahl bez. a. 13 % O_2 für GK (al: Aluminiumsammelplatten; np: „Nuclepore" / gesinterte Sammelplatten)

Restsauerstoffgehalt für die einzelnen Impaktorstufen ablesen, der in den Diagrammen als Ausgleichsgrade eingezeichnet ist. Mit zunehmendem Restsauerstoffgehalt steigt der relative Anteil der Partikel in den unteren drei Stufen an und fällt in den übrigen Stufen ab. Aus den absoluten Messwerten (Abbildung 4.8) wird deutlich, dass die Partikelanzahl in den unteren fünf Stufen mit zunehmendem Restsauerstoffgehalt im Rauchgas ansteigt und erst ab Stufe 6 für die Messergebnisse mit Aluminiumsammelplatten leicht absinkt.

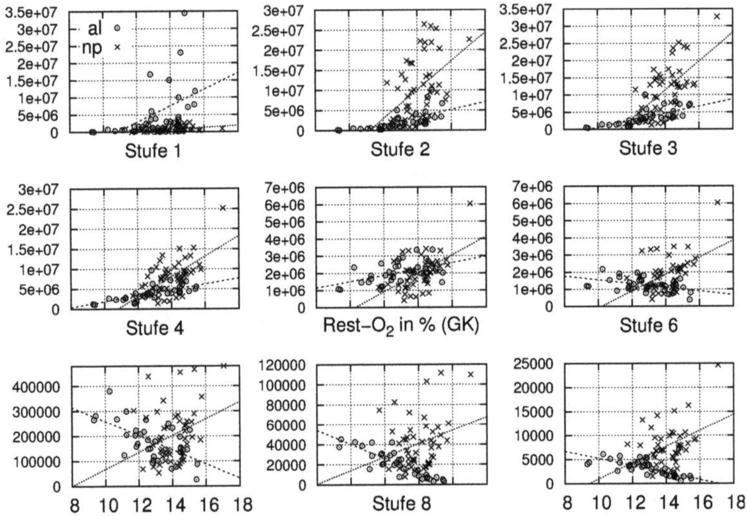

Abbildung 4.8: 15 min Mittelwerte der Partikelanzahlkonzentrationen je Impaktorstufe in Abhängigkeit vom Rest-O_2-Gehalt, absolut bez. a. 13 % O_2 für GK (al: Aluminiumsammelplatten; np: „Nuclepore" / gesinterte Sammelplatten)

Wie bereits im vorangegangenen Abschnitt angesprochen, sind deutliche Unterschiede zwischen den Messergebnissen zu erkennen, die mit Aluminiumsammelplatten (al) ermittelt wurden, und denen, die mit gesinterten Platten (np) aufgenommen wurden. Da die REM-Messungen mit Al-Sammelplatten durchgeführt wurden, werden diese Ergebnisse im Folgenden besonders berücksichtigt.

In Abbildung 4.9 sind die Steigungen der Ausgleichsgraden verschiedener Parameter für die vier Brennstoffe über die Impaktorstufen aufgetragen. Im oberen Graphen sind die Gradienten der Verhältnisse von absoluter Partikelanzahl zu Restsauerstoffgehalt dargestellt. Mit Ausnahme der ersten Stufe bei WK weisen die Brennstoffe im Bereich der Impaktorstufen eins bis drei einen positiven Gradienten auf, die Partikelanzahl steigt also mit zunehmendem Restsauerstoffgehalt. Das gilt auch für GK, WK und HP in den Stufen 4 und 5. Für RP dagegen wird der Gradient schon ab der vierten Stufe negativ. In den oberen Stufen sind die Gradienten weniger stark ausgeprägt.

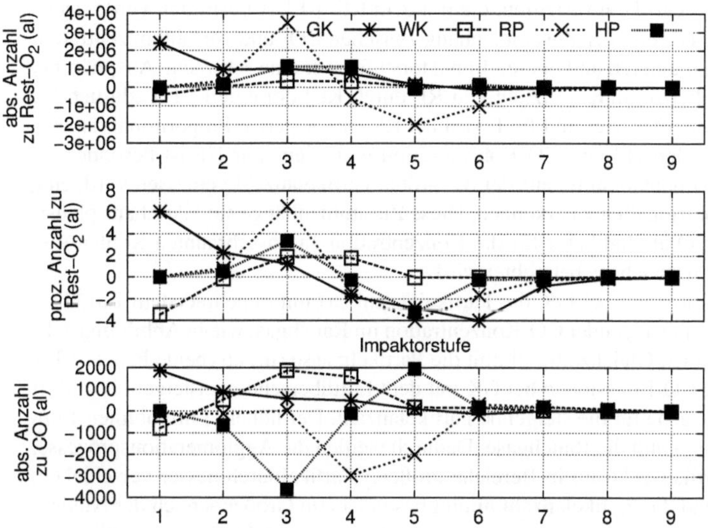

Abbildung 4.9: Steigung der Ausgleichsgraden der Verhältnisse zwischen den Anzahlkonzentrationen und dem Restsauerstoffgehalt bzw. dem CO-Gehalt im Rauchgas, alle Messwerte bez. a. 13 % O_2

Die prozentuale Veränderung der Anzahlkonzentrationen in Relation zum Rest-O_2 Gehalt im mittleren Diagramm von Abbildung 4.9 verdeutlicht, wie sich das Partikelspektrum innerhalb des Partikelgrößenbereichs verlagert. Bei GK verschiebt sich das Spektrum bei ansteigendem Rest-O_2 im Rauchgas von den Stufen vier bis sechs hin zu den Stufen eins bis drei. Bei RP und HP findet eine Verschiebung von den Stufen vier, fünf und sechs zu den Stufen zwei und drei statt, bei WK findet sich mit zunehmendem Rest-O_2 eine ansteigende Anzahlkonzentration in den Stufen drei und vier, während der prozentuale Anteil der Anzahlkonzentration in Impaktorstufe eins abnimmt.

Im unteren Diagramm von Abbildung 4.9 sind die Gradienten der absoluten Anzahlkonzentration im Verhältnis zur CO-Konzentration im Rauchgas für die

Impaktorstufen dargestellt. Die Körnerbrennstoffe weisen einen positiven Gradienten in den unteren Impaktorstufen auf, die beiden Parameter entwickeln sich demnach proportional zu einander. Zu größeren Partikeldurchmessern hin sinkt die Steigung der Ausgleichsgraden auf Werte um Null und die Partikelanzahlkonzentration bleibt bezogen auf die CO- bzw. C_nH_m-Konzentration nahezu konstant. Während die Kurven für GK und WK etwa analog zur C_nH_m-Verteilung in den impaktierten Partikeln verlaufen, die mit dem REM-EDX bestimmt wurde (siehe Kapitel 3.2.4), zeigt der Zusammenhang zwischen CO- und Anzahlkonzentration für RP in den unteren und oberen Impaktorstufen nur eine schwache Ausprägung, da die Partikelzusammensetzung von RP durch KCl dominiert ist. Lediglich für die Impaktorstufen vier und fünf wird bei RP eine negative Proportionalität zwischen Partikelanzahl und CO-Konzentration registriert. Für HP ist besonders in der fünften Impaktorstufe, auf der die größte Partikelanzahl gemessen wird, eine starke Proportionalität zu erkennen. Diese Zusammenhänge sind durchaus plausibel, wenn CO als Indikator für die Konzentration an unverbrannten Kohlenwasserstoffen im Rauchgas betrachtet wird.

Insgesamt steigt bei GK die Partikelanzahl (n) mit zunehmendem Luftüberschuss und mit steigender CO-Konzentration im Rauchgas, wie in Abbildung 4.10 zu erkennen ist. Gleichzeitig nimmt die Partikelmasse (m) ab (beide bez. a. 13 % O_2). Da die CO-Emissionen bei GK mit dem Luftüberschuss ansteigen, liegt dort auch die Ursache für die steigende Partikelanzahl. Der höhere Luftvolumenstrom verdünnt und kühlt die Rauchgase. Dadurch werden die Agglomerationsprozesse, die das Partikelspektrum in Bereiche größerer Partikeldurchmesser verschieben, gehemmt und die Partikelanzahl nimmt besonders im Größenbereich der Nukleationsmoden zu. Insgesamt geht weniger Substanz in die Partikelphase über und die Partikelmasse nimmt ab.

Bei HP steigen sowohl Partikelanzahl als auch -masse mit zunehmendem Restsauerstoffgehalt im Rauchgas, während nur die Partikelmasse mit steigender CO-Konzentration leicht zunimmt. Für die Feuerung mit HP wurde ein leicht entgegengesetzt proportionaler Zusammenhang zwischen Rest-O_2- und CO-Konzentration beobachtet. Dadurch lässt sich der nur geringe Partikelmassenanstieg mit steigender CO-Konzentration erklären, obwohl die Partikel zum größten Teil aus Kohlenwasserstoffen bestehen (vgl. 3.2.4). Die dominante Proportionalität zwischen Rest-O_2-Konzentration und Partikelanzahl, die sich vor allem in der klaren Verschiebung der relativen Anzahlkonzentration (siehe Abbildung 4.9) zeigt, ist auch bei HP auf die Agglomerationshemmung durch Verdünnung zurückzuführen.

In der Tendenz zeigen auch die Messwerte von RP dieses Verhalten, allerdings ist die Schwankungsbreite der Werte hier zu hoch, um eine belastbare Aussage zu treffen. Gleiches gilt für die Messwerte von WK, was hauptsächlich dem schwierigen Feuerungsverhalten geschuldet ist, welches keine breite Parametervariation zuließ.

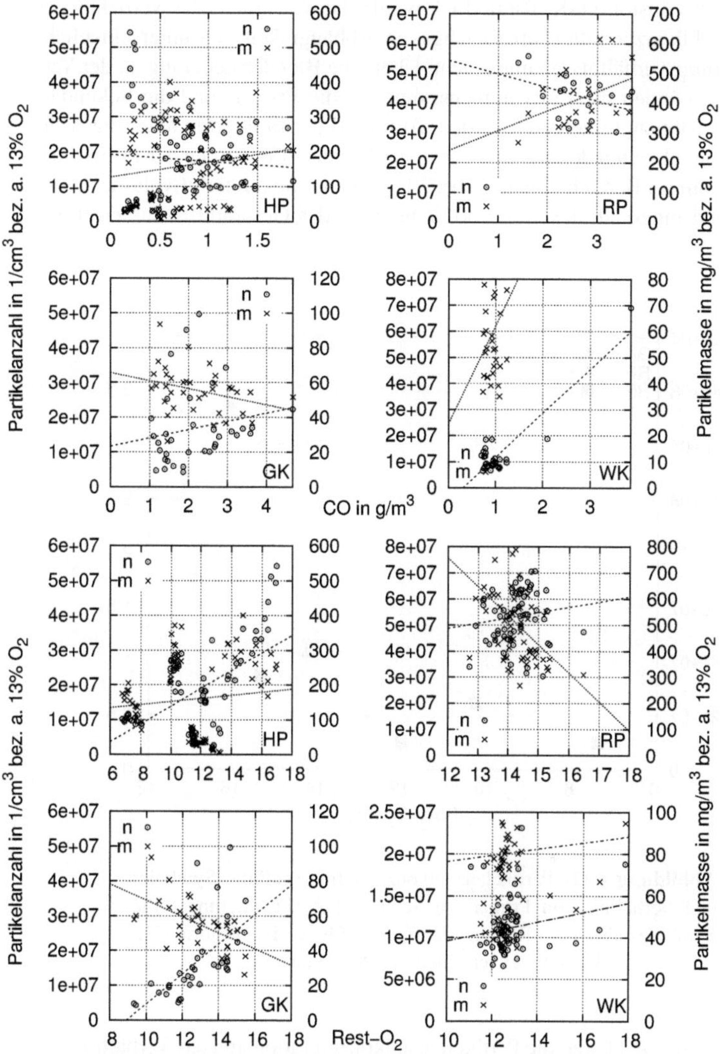

Abbildung 4.10: 15 min Mittelwerte der Partikelanzahlkonzentrationen (n) und Partikelmassen (m) über der CO-Konzentration im Rauchgas (obere 4) und über dem Rest-O_2-Gehalt (untere 4), alle Werte bez. a. 13 % O_2

Für die Brennstoffe GK, RP und HP wurde darüber hinaus das Verhalten der Partikelanzahlkonzentration im Rauchgas in Abhängigkeit von unterschiedlichen Luftstufungsverhältnissen untersucht. Über eine Blendensteuerung an der Versuchsanlage können die Luftvolumenströme für die Primär- und die Sekundärluftzufuhr unabhängig geregelt werden. Aufgrund der limitierten feuerungstechnischen Möglichkeiten des Brenners bzw. der Brennstoffe wurden der Primärluftvolumenstrom im Bereich von 45 % bis 70 % und der Sekundärluftvolumenstrom entsprechend innerhalb der Werte 30 % bis 55 % des Gesamtluftvolumenstroms eingestellt.

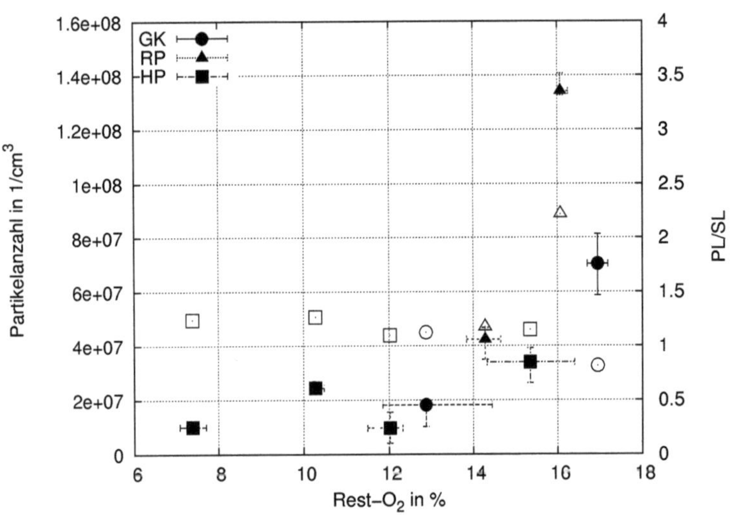

Abbildung 4.11: Partikelanzahlkonzentration (gefüllte Symbole) und Verhältnis von Primär- zu Sekundärluft (PL/SL, ungefüllte Symbole) über dem Restsauerstoffgehalt für die Brennstoffe GK, RP, HP bei verschiedenen Messpunkten

In Abbildung 4.11 sind die Partikelanzahlkonzentration und das Verhältnis von Primär- zu Sekundärluftvolumenstrom in Abhängigkeit vom Restsauerstoffgehalt im Rauchgas für verschiedene Messpunkte der Brennstoffe GK, RP und HP aufgetragen. Mit steigendem Restsauerstoffgehalt steigt die Partikelanzahlkonzentration, die mit ihrer Schwankungsbreite der 15-Minuten-Mittelwerte je Messpunkt mit gefüllten Symbolen dargestellt ist. Die Gegenüberstellung mit den Werten für das Verhältnis aus Primär- zu Sekundärluftvolumenstrom (PL/SL, ungefüllte Symbole) zeigt für RP einen Anstieg der Partikelanzahlkonzentration sowohl mit dem Luftstufungsverhältnis als auch mit dem Restsauerstoffgehalt. Bei HP lässt sich für Rest-O_2-Gehalte unter 13 % eine Korrelation zwischen PL/SL-Verhältnis und Partikelanzahlkonzentration erkennen, bei größeren Rest-O_2-Werten steigt die Partikelanzahlkonzentration unabhängig vom Luftstufungsverhältnis mit dem Luftüberschuss an. Gleiches gilt für die Messungen mit GK.

In den folgenden Abbildungen sind die Daten von fünf unterschiedlichen Messreihen mit HP als 15-Minuten Mittelwerte detaillierter dargestellt. Die Vorgaben für Primär-, Sekundär- und Gesamtluftverhältnis sind in Tabelle 4.1 zusammengefasst.

Tabelle 4.1: Vorgaben für Primär-, Sekundär- und Gesamtluftverhältnis bei fünf Messreihen

Reihe	Primärluft	Sekundärluft	Gesamtluft
1	konstant, $\lambda < 1$	konstant, $\lambda < 1$	konstant, niedrig
2	konstant, $\lambda > 1$ (niedrig)	konstant, $\lambda < 1$	konstant, normal
3	konstant, $\lambda > 1$ (normal)	konstant, $\lambda > 1$	konstant, normal
4	konstant, $\lambda > 1$ (normal)	konstant, $\lambda > 1$	konstant, normal
5	steigend, $\lambda >> 1$	steigend, $\lambda >> 1$	steigend, hoch

Abbildung 4.12 zeigt die Partikelanzahlkonzentration bei der Feuerung mit HP als 15-Min-Mittelwerte über dem Restsauerstoffbereich von 6 bis 18 % (Vol-%, bez. a. 13 % O_2). Die Messpunkte von Reihe 1 liegen am unteren Ende des dargestellten Bereichs mit Rest-O_2-Gehalten zwischen 6,5 % und 8 %. Die Messwerte der Reihen 2, 3 und 4 stellen einen typischen Rest-O_2-Gehalt für die Versuchsanlage zwischen 10 % und 13 % dar. In Reihe 5 sind die Messwerte über einen Bereich von 12,5 % bis 17 % Rest-O_2 verteilt.

Insgesamt zeigen die Messwerte von HP in Abbildung 4.12 die gleiche Tendenz wie in Abbildung 4.11: mit steigendem Restsauerstoffgehalt steigt die Partikelanzahlkonzentration. Für O_2-Messwerte um den Bezugssauerstoffgehalt von 13 % schwanken die Werte der Anzahlkonzentration in einem relativ großen Bereich. Je nach Primär- und Sekundärluftzahl werden Werte zwischen $2.5 \cdot 10^6$ und $3 \cdot 10^7$ $^1/_{cm^3}$ erreicht. Oberhalb von 14 % Rest-O_2 nimmt die Partikelanzahlkonzentration dann mit ansteigender Sauerstoffkonzentration stetig zu.

In Abbildung 4.12 sind die Partikelanzahlkonzentrationen der Werte aus Abbildung 4.12 über dem Primärluftvolumenstrom (oben) und dem Sekundärluftvolumenstrom (unten) aufgetragen. Die Messwerte der Strömungsgeschwindig-

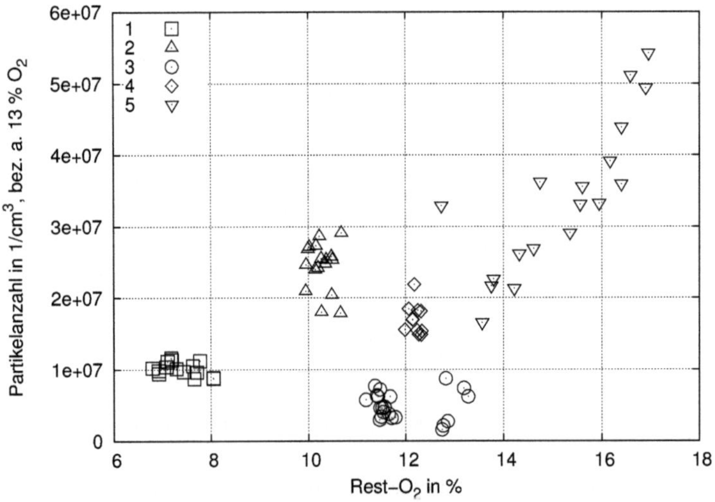

Abbildung 4.12: Partikelanzahlkonzentration über dem Restsauerstoffgehalt für HP bei verschiedenen Messpunkten

keiten für Primär- und Sekundärluftzufuhr wurden dazu mit Hilfe einer stöchiometrisch idealen Verbrennungsrechnung auf den Mindestluftbedarf l_{min} entsprechend dem gemessenen Restsauerstoffgehalt bezogen. Eine Zusammenfassung der Messergebnisse für Primär-, Sekundär- und Gesamtluft sowie Partikelanzahl ist in Tabelle 4.2 gegeben.

Tabelle 4.2: Zusammenfassung der Messergebnisse von fünf Messreihen mit Holzpellets (PL: Primärluftzahl, SL: Sekundärluftzahl, n: Partikelanzahlkonzentration in $1/cm^3$; vgl. Tabelle 4.1)

Reihe		PL	SL	Rest-O_2	n
	Min.	0,87	0,70	6,8 %	$8,7 \cdot 10^6$
1	Mittel.	0,92	0,74	7,4 %	$1,0 \cdot 10^7$
	Max.	0,97	0,77	8,1 %	$1,2 \cdot 10^7$
	Min.	1,16	0,91	9,9 %	$1,8 \cdot 10^7$
2	Mittel.	1,20	0,95	10,3 %	$2,4 \cdot 10^7$
	Max.	1,24	1,00	10,7 %	$2,9 \cdot 10^7$
	Min.	1,26	1,10	11,2 %	$1,6 \cdot 10^6$
3	Mittel.	1,36	1,22	11,9 %	$4,9 \cdot 10^6$
	Max.	1,60	1,44	13,3 %	$8,7 \cdot 10^6$
	Min.	1,34	1,25	12,0 %	$1,5 \cdot 10^7$
4	Mittel.	1,36	1,29	12,2 %	$1,7 \cdot 10^7$
	Max.	1,39	1,32	12,3 %	$2,2 \cdot 10^7$
	Min.	1,55	1,28	12,7 %	$1,7 \cdot 10^7$
5	Mittel.	2,29	1,99	15,2 %	$3,4 \cdot 10^7$
	Max.	3,15	2,74	17,0 %	$5,4 \cdot 10^7$

Bei Reihe 1 wurde im Mittel eine Partikelanzahl von $1 \cdot 10^7$ $1/cm^3$ bei einer mittleren Primärluftzahl von $0,97$, einer mittleren Sekundärluftzahl von $0,74$ und einem mittleren Restsauerstoffgehalt von $7,4\,\%$ gemessen. Reihe 2 produzierte im Mittel $2,4 \cdot 10^7$ $1/cm^3$ Partikel bei mittleren Primär- und Sekundärluftzahlen von $1,2$ beziehungsweise $0,95$. Der Restsauerstoffgehalt im Abgas war dabei $10,3\,\%$. Bei Reihe 3 wurden im Mittel $1,9 \cdot 10^6$ $1/cm^3$ Partikel gemessen und die gemittelte Primär- und Sekundärluftzahl zu $1,36$ beziehungsweise $1,22$ bestimmt. Der Restsauerstoffgehalt betrug $12\,\%$. Bei Reihe 4 wurde im Mittel eine Partikelanzahl von $1,6 \cdot 10^7$ $1/cm^3$ verzeichnet, die Primärluftzahl betrug $1,36$, die Sekundärluftzahl $1,29$ und der Restsauerstoffgehalt $12,2\,\%$. Reihe 5 erzeugte eine mittlere

Partikelanzahl von $3{,}7 \cdot 10^7$ $^1/_{cm^3}$ bei mittleren Primär- und Sekundärluftzahlen von $2{,}29$ beziehungsweise $1{,}99$. Der mittlere Restsauerstoffgehalt im Abgas war $15{,}7\,\%$.

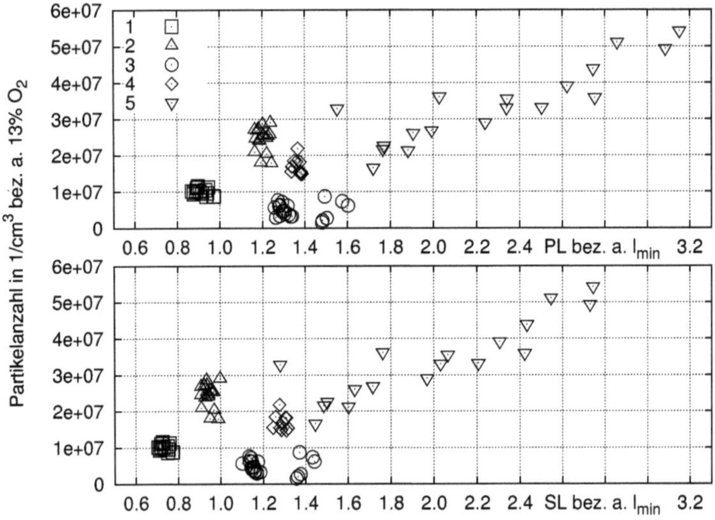

Abbildung 4.13: Partikelanzahlkonzentration über Primär- und Sekundärluftvolumenstrom (PL bzw. SL, bez. a. l_{min} für HP bei verschiedenen Messpunkten)

Bedingt durch die Kombination aus den feuerungstechnischen Rahmenbedingungen der Prototypanlage, an der die Messungen durchgeführt wurden, und den Feuerungseigenschaften des Brennstoffs, konnten keine gleichmäßigen Verbrennungsabläufe erzeugt werden. Zusätzlich zum oben beschriebenen, übergeordneten Zusammenhang zwischen Gesamtluftzahl und Partikelanzahlkonzentration lässt sich aus der getrennten Aufschlüsselung nach Primär- und Sekundärluftzahl in Abbildung 4.13 keine Abhängigkeit ermitteln.

Besonders im typischen Betriebsbereich der Kleinfeuerungsanlage bei Restsauerstoffgehalten zwischen $10\,\%$ und $13\,\%$ ($\lambda = 2{,}1 \ldots 2{,}9$ für DIN*plus* Holzpellets) zeigen die Partikelanzahlkonzentrationen eine große Schwankungsbreite. Hier liegt der Faktor 34 zwischen den Extremwerten, die mittleren Werte der Partikelanzahlkonzentrationen liegen noch um den Faktor 5 auseinander. Um das breite Brennstoffband von Holzpellets über Strohpellets bis hin zu Körnerbrennstoffen vergleichbar verarbeiten zu können, wurde der eingesetzte Universalbrenner nicht auf die einzelnen Brennstoffe angepasst. Daher können sich auch für den vergleichsweise unproblematischen Brennstoff DIN*plus* Holzpellets ungleichmäßige Feuerungszustände ergeben, worauf die große Schwankungsbreite der Partikelemissionen bei vergleichbaren Restsauerstoffgehalten zurückgeführt werden kann.

Aufgrund des Feuerungsverhaltens des Kessels und seiner Regelfähigkeit wird durch die Primärluftzufuhr in fast allen Messpunkten mehr als der Mindestluftbedarf für die Verbrennung bereitgestellt. Entsprechend kühlen höhere Sekundärluftverhältnisse den Rauchgasstrom und behindern auf diese Weise die Vollständigkeit der Verbrennungsreaktionen. Durch die Verdünnung der Rauchgase werden außerdem Agglomerationsprozesse der Partikelphase im Rauchgas erschwert, was zu größeren Partikelanzahlkonzentrationen bei gleicher oder geringerer Partikelmassenkonzentration führt (vgl. Abbildung 4.9).

4.2.2 Zusammenfassung

Mit steigendem Rest-O_2-Gehalt im Rauchgas nimmt bei allen Brennstoffen die Partikelanzahl (absolut) in den unteren (feineren) Impaktorstufen zu. Die Betrachtung der relativen Anzahlkonzentrationen je Impaktorstufe zeigt eine Verschiebung der Partikel von den mittleren Impaktorstufen (4-6) zu den unteren Impaktorstufen (2-3) für die Brennstoffe HP, RP und GK.

Für die Körnerbrennstoffe kann außerdem ein proportionaler Zusammenhang zwischen Partikelanzahlkonzentration und CO-Konzentration im Rauchgas beobachtet werden. Dieser Zusammenhang ist allerdings auf eine gemeinsame Ursache zurückzuführen: ein größerer Luftvolumenstrom führt zu Verdünnung und Kühlung in der Brennkammer, was einerseits Agglomerationsprozesse behindert bzw. verlangsamt und andererseits zu unvollständiger Verbrennung und damit CO-Emissionen führt.

Während die Partikelanzahlkonzentration mit steigendem Rest-O_2-Gehalt zunimmt, sinkt die Massenkonzentration leicht ab. Es gehen also insgesamt weniger Partikelvorläufersubstanzen in die Gasphase über. Außerdem konzentriert sich das Partikelspektrum auf die kleinen Partikeldurchmesser. In beiden Effekten ist die Verdünnungs- und Abkühlungswirkung der zusätzlichen Verbrennungsluft sichtbar. Bei Luftzahlen über 1 hat die verdünnende Wirkung des Luftüberschusses einen größeren Einfluss auf die Partikelmassenkonzentration als die zusätzliche Bildung unverbrannter Kohlenwasserstoffe durch die Abkühlung des Feuerungsraumes. Dies ist vor allem der Luftstufung der Anlage geschuldet. Die Primärluftzufuhr erfolgte weitestgehend überstöchiometrisch und hatte demzufolge maßgeblichen Einfluss auf die Partikelemissionen.

5 Zusammenfassung und Ausblick

5.1 Zusammenfassung

Bedingt durch den tendenziellen Preisanstieg bei den fossilen Brennstoffen und die Bemühungen, CO_2-Emissionen zu verringern, steigt der Einsatz erneuerbarer Energien auch im Bereich der dezentralen Wärmeerzeugung. Die Erweiterung des Brennstoffbandes für Kleinfeuerungsanlagen durch die Novelle der 1. BImschV im Jahr 2010 [17] ermöglicht zudem den Erhalt bzw. die Entstehung von Arbeitsplätzen in der regionalen Bereitstellungsinfrastruktur der Biomassebrennstoffe. Der Großteil der Emissionsgrenzwerte kann mit modernen automatisch beschickten und geregelten Kleinfeuerungsanlagen sicher eingehalten werden. Allerdings überschreiten die Partikelemissionen insbesondere der 2010 neu zugelassenen halmgutartigen und Körnerbrennstoffe die Grenzwerte zum Teil erheblich. Gleichzeitig stellen die so genannten Feinstaubimmissionen im Allgemeinen eine direkte Gesundheitsgefährdung dar. Die Technologien zur sekundärseitigen Minderung von Partikelemissionen sind von größeren Feuerungsanlagen bekannt, beeinträchtigen jedoch die Wirtschaftlichkeit der Kleinfeuerungsanlagen z. T. erheblich.

Um eine Emissionsminderung zu ermöglichen, die direkt auf die spezifischen Eigenschaften der Brennstoffe und der emittierten Partikel abzielt, wurde eine Charakterisierung der Partikelemissionen unter vergleichbaren Randbedingungen durchgeführt.

Zunächst wurden die Bildungsmechanismen und -wege der organischen und anorganischen Partikelfraktionen beschrieben und analysiert, sowie sekundärseitige Emissionskontrolltechnologien vorgestellt.

Im praktischen Teil dieser Arbeit wurden vier unterschiedliche Brennstoffe - DIN*plus* Holzpellets, Roggenstrohpellets, Weizenkörner und Gerstenkörner - mithilfe der selben Kleinfeuerungsanlage (15 bis 35 kW) verfeuert und die produzierten Partikelemissionen mit unterschiedlichen Messgeräten dokumentiert und untersucht. Zusätzlich zu der etablierten diskontinuierlich-gravimetrischen Messung nach VDI-Richtlinie mit dem Andersen Kaskadenimpaktor wurde die Partikelanzahl in Klassierungsstufen bis in den Nanometerbereich hinein mit einem Electrical Low Pressure Impactor (ELPI) kontinuierlich gemessen. Eine anschließende Untersuchung der gesammelten Partikel mit dem Rasterelektronenmikroskop (REM) und angeschlossener energiedispersiver Röntgenspektroskopie (EDX) führte zu stoffspezifischen Partikelverteilungen über dem Partikeldurchmesserspektrum zwischen 7 nm und 2 μm für die vier untersuchten Brennstoffe. Durch die Kopplung mit den Daten der begleitenden Abgasanalyse konnten die Einflüsse der Brennstoffe und der Feuerungsführung auf die Qualität und Quantität der Partikelemissionen herausgearbeitet werden.

5.2 Partikelemissionen der Biomassebrennstoffe

Bei den Gesamtstaubmessungen mit dem Andersen Impaktor nach VDI-Richtlinie wurden im Mittel 30 $^{mg}/_{Nm^3}$(i.tr. bez. a. 13 % O_2) mit den DIN*plus* Holzpellets, 88 $^{mg}/_{Nm^3}$ mit den Gerstenkörnern und 196 $^{mg}/_{Nm^3}$ bzw. 193 $^{mg}/_{Nm^3}$ mit den Roggenstrohpellets bzw. den Weizenkörnern gemessen. Dabei wurden zwischen 86 % und 89 % der Masse in der PM_1-Fraktion emittiert und mehr als 96 % wurden im Bereich von PM_{10} gemessen.

Die röntgenspektroskopischen Untersuchungen zeigten hauptsächlich unverbrannte Kohlenwasserstoffe (C_nH_m) mit einem geringen Anteil an Kaliumchlorid (KCl) in den Emissionen der Holzpellets. Die durchschnittliche Partikelzusammensetzung der Roggenstrohpellets war von KCl (53 %) und C_nH_m (43 %) dominiert, der verbleibende Anteil bestand hauptsächlich aus Kaliumsulfat (K_2SO_4). Bei den Körnerbrennstoffen stellten Phosphate (KH_2PO_4, H_3PO_4) die größten Anteile mit zusammen 37 % bei den Weizenkörnern und ca. 60 % bei den Gerstenkörnern. KCl machte die nächst größere Fraktion aus: 31 % bei den Weizenkörnern und 22 % bei den Gerstenkörnern. Der restliche Anteil bestand hauptsächlich aus C_nH_m.

Die Gegenüberstellung der Brennstoff- und der resultierenden Partikelzusammensetzung zeigte eine klare Korrelation der Elemente K, Cl, S und P. Insbesondere für Chlor und Kalium waren starke Umsatzraten zu erkennen.

Im Vergleich der Brennstoffe konnten den o. g. Stoffen keine deutlichen Partikelkonzentrationsprofile bezogen auf den Partikeldurchmesser zugeordnet werden. Dies spricht dafür, dass unterschiedliche Stoffe in verschiedenen Phasen des Feuerungs- und Rauchgaswegs zur Partikelbildung bzw. zum Partikelwachstum beitragen.

Insgesamt zeigen die Profile der Massenkonzentration bei den Pelletbrennstoffen ein breites Maximum bei Partikeldurchmessern $d_p > 100$ nm. Die größte Partikelanzahl findet sich um $d_p = 100$ nm. Bei den Körnerbrennstoffen ist das Maximum der Partikelmassenverteilung deutlich um $d_p = 300$ nm angesiedelt, während die kleineren Partikeldurchmesser $d_p < 100$ nm die größte Anzahl stellen.

Durch die Variation der Feuerungsparameter konnte gezeigt werden, dass sich die Anzahlkonzentration mit höherem Luftüberschuss zu kleineren Partikeldurchmessern hin verschiebt. Gleichzeitig sinkt die emittierte Partikelmassenkonzentration leicht ab obwohl der Anteil unverbrannter Kohlenwasserstoffe im Rauchgas zunimmt. Der Verdünnungseffekt auf die Agglomerationsprozesse der Partikelbildung ist im Restsauerstoffbereich zwischen 6 % und 16 % hinsichtlich der emittierten Massenkonzentration stärker als die zusätzliche Bildung unverbrannter Kohlenwasserstoffe. Gegenüber typischen Betriebswerten der verwendeten Anlage konnte die emittierte Partikelanzahl im Betriebsbestpunkt auf bis zu ca. 20 % gesenkt werden.

Unabhängig vom Brennstoff konzentrieren sich Anzahl- und Massenverteilung der Partikelemissionen deutlich im submikronen Bereich des Partikelspektrums (PM_1). Aufgrund ihrer Größe sind diese Partikel lungengängig. Eine optimale Feuerungstechnik und somit einen niedrigen Anteil unverbrannter Kohlenwasserstoffe vorausgesetzt, bestehen die Partikelemissionen überwiegend aus Salzen der Alkalimetalle und sind qualitativ klar zu unterscheiden von z. B. Rußpartikeln aus Verbrennungsmotoren.

Klassische und kostengünstige Abscheidevorrichtungen wie Massenkraftabscheider und Zyklone können im PM_1-Bereich kaum zur Emissionsminderung eingesetzt werden. Lediglich elektrische Abscheider und Gewebefilter erzielen auch im Partikelgrößenbereich unter 1 μm hohe Abscheideraten, sind aber mit deutlich höherem technischen und finanziellen Aufwand verbunden. Eine optimierte Feuerungstechnik kann zu einer geringeren Partikelkonzentration im Abgas insbesondere bei den reinen Holzpellets beitragen. Bei den halmgutartigen und Körnerbrennstoffen mit hohen Partikelemissionen können die Grenzwerte der 1. BImschV auf diese Weise allerdings nicht erreicht werden. Die starke Korrelation zwischen Partikel- und Brennstoffzusammensetzung legt eine Konditionierung bzw. Selektion oder Mischung der Brennstoffe nach Alkaliengehalt als Möglichkeit zur Emissionsminderung nahe. Durch einfache Waschverfahren, die z. B. in den Aufbereitungsprozess eingebunden werden können, kann der Alkaliengehalt im Brennstoff um bis zu 95 % reduziert werden. Insbesondere Strohbrennstoffe können dadurch deutlich aufgewertet werden.

5.3 Ausblick

Um das Potential primärseitiger Minderungsmaßnahmen zu quantifizieren, bietet es sich an, weiterführende Untersuchungen des Einflusses der Feuerungsführung auf die Partikelemissionen durchzuführen. Während in dieser Arbeit die Kombination aus Brenner und Feuerraumgestaltung zu Vergleichszwecken unverändert geblieben ist, könnte eine Variation dieser Parameter bei Einsatz des gleichen Brennstoffs Aufschluss über Betriebsbestpunkte mit den niedrigsten Partikelemissionen geben.

Der vielversprechendste Pfad zur Minderung der Partikelemissionen ist die Konditionierung des Brennstoffes vor der Verbrennung. Für verschiedene Brennstoffe, insbesondere auch Körnerbrennstoffe, sollten unterschiedliche Düngeverfahren aber insbesondere optimale Waschverfahren erprobt und auf ihren Effekt auf die Partikelemissionen untersucht werden. Gleichzeitig entstehen Fragestellungen bezüglich der ausgewaschenen Nährstoffe, die u. U. in einen geschlossenen, nachhaltigen Nährstoffkreislauf eingehen können.

A Anhang

A.1 Abhängigkeit der Gaseigenschaften von Temperatur, Druck und Gaszusammensetzung

Mit dem sukzessiven Druckverlust der Messgasströmung über die Düsenplatten der ELPI-Impaktorstufen ändert sich auch die Temperatur des Gases. Diese Zustandsänderungen lassen sich für jede Impaktorstufe n iterativ über die Kontinuitätsbedingung (Gl. (A.1)), die thermische Zustandsgleichung (Gl. (A.2)), die Bernoulli-Gleichung (Gl. (A.3)) und die polytrope Zustandsgleichung (Gl. (A.4)) bestimmen.

$$c_n = \frac{\dot{m}}{\rho_{f,n} \cdot A_n} \overset{(A.2)}{=} \frac{\dot{m}}{\rho_{f,n-1} \cdot A_n} \cdot \frac{p_{n-1}}{p_n} \frac{T_n}{T_{n-1}} \tag{A.1}$$

$$\frac{p_n}{T_n \cdot \rho_{f,n}} = \frac{p_{n-1}}{T_{n-1} \cdot \rho_{f,n-1}} \tag{A.2}$$

$$p_n = p_{n-1} - \frac{\rho_{f,n}}{2} \cdot \left(c_n^2 - c_{n-1}^2\right) \tag{A.3}$$

$$T_n = T_{n-1} \cdot \left(\frac{p_n}{p_{n-1}}\right)^{\frac{\kappa-1}{\kappa}} \tag{A.4}$$

Randbedinungen sind dabei $p = 100\,\mathrm{mbar}$ am Austritt aus dem Impaktor und $p = p_{\mathrm{Umg}}$ sowie $T = T_{\mathrm{Umg}}$ am Eintritt. Der Strömungsquerschnitt A ist bekannt aus der Düsenanzahl und den Düsendurchmessern, die vom Hersteller angegeben sind, und die Konstante κ kann mit dem Wert für Luft ($\kappa = 1,4$) abgeschätzt werden. Von den Zustandsänderungen sind auch die mittlere freie Weglänge der Gasmoleküle λ sowie die dynamische Viskosität η betroffen. Sie können in Abhängigkeit vom Druck und von der Temperatur nach [6] mit folgenden Gleichungen abgeschätzt werden.

$$\lambda = \lambda_0 \cdot \frac{\frac{T}{T_0} \frac{p_0}{p} \left(1 + \frac{S}{T_0}\right)}{1 + \frac{S}{T}} \tag{A.5}$$

$$\eta = \eta_0 \cdot \left(\frac{T_0}{T}\right)^{\frac{2}{3}} \cdot \frac{T + S}{T_0 + S} \tag{A.6}$$

Die Sutherlandfaktoren S sind zusammen mit η_0 für die einzelnen Gaskomponenten in Tabelle A.2 aufgeführt. Anhand der Kalibrationswerte für das ELPI (siehe Tab. A.1) wurden Temperaturen, Viskositäten, mittlere freie Weglängen für Luft und Rauchgas in den Impaktorstufen sowie Cunningham-Korrekturfaktoren der jeweiligen Trennkorndurchmesser berechnet. Abbildung A.1 zeigt die Änderung der dynamischen Viskositäten von Luft und Rauchgas (13 % O_2 i. tr., 8 % H_2O, verdünnt mit Luft 1:10) bezogen auf die Viskositäten von Luft $\eta_{0,L}$ im Standardzustand $T_0 = 298,15\,\mathrm{K}$ und $p_0 = 1,01325\,\mathrm{bar}$.

Tabelle A.1: Kalibrierdaten des ELPI: Düsenanzahl, Temperatur (T) und Druck (p) der Impaktorstufen

Stufe	Düsen	T in K	p in mbar
Austritt	69	151.5	10000
12	8	190.3	22220
11	21	222.5	38340
10	19	262.1	68080
9	27	282.7	88680
8	50	290.2	97210
7	48	292.2	99620
6	20	293.0	100490
5	17	293.4	101000
4	14	293.5	101180
3	3	293.6	101240
2	1	293.6	101300
1	1	293.6	101320
Eintritt		293.7	101330

Die dynamische Viskosität des Rauchgases über die ersten elf Impaktorstufen ist mit sehr geringen Abweichungen im Mittel 1,25 % kleiner als η_L. Weitaus größeren Einfluss als die Gaszusammensetzung haben Druck und Temperatur in der Impaktorstufe: bezogen auf die Viskosität von Luft im Standardzustand ist die zustandsabhängige Viskosität am Austritt des Impaktors um ca. 11,5 % kleiner.

Abbildung A.2 zeigt die Änderung der mittleren freien Weglänge der Gasmoleküle λ und damit auch die Änderung des Cunninghamfaktors der aerodynamischen Trennkorndurchmesser der Stufen in Abhängigkeit vom Stufendruck. Durch die Verdünnung des Rauchgases hat die Gaszusammensetzung kaum einen Einfluss auf die freie Weglänge, λ_{RG} ist über den gesamten Zustandsbereich nahezu konstant 1,5 % geringer als λ_L. Der Cunninghamfaktor der Trennkorndurchmesser im Rauchgas fällt von etwa 100 % am Impaktoreintritt bis auf ca. ebenfalls 1,48 % am Impaktoraustritt, bezogen auf den Cunninghamfaktor in Luft. Relativ zur freien Weglänge bzw. zum Cunninghamfaktor von Luft im Standardzustand steigen beide Parameter über den Impaktor-Druckverlust bis auf ca. 400 % an.

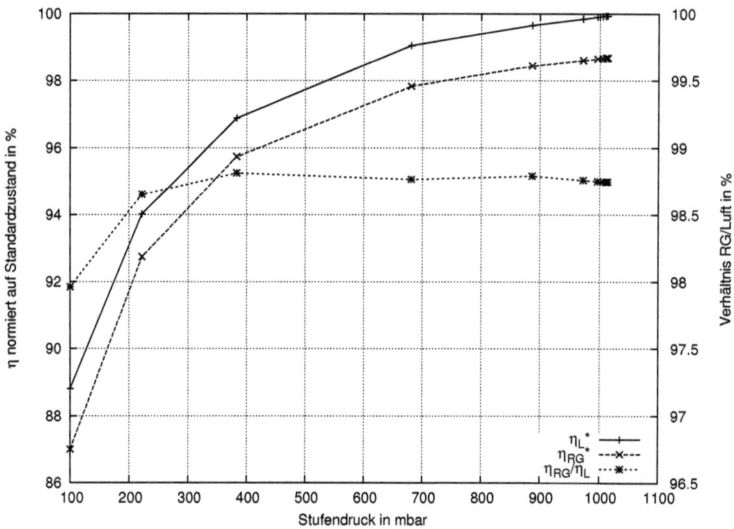

Abbildung A.1: Dynamische Viskosität von Luft (L) und Rauchgas (RG, 13 % O_2 i. tr., vedünnt 1:10) bez. a. $\eta_{0,L}$ ($T_0 = 298,15\,\text{K}$ und $p_0 = 1,01325\,\text{bar}$), Stoffdaten aus [81]

Tabelle A.2: Sutherlandfaktoren und dynamische Viskositäten für die wichtigsten Gaskomponenten im Rauchgas und Luft (S aus [61], η aus [81], * geschätzt)

	S in K	η_0 in $10^{-6}\,\text{Pa}\cdot\text{s}$
N_2	105	17,83
O_2	125	20,65
CO_2	213	14,93
H_2O	120*	20,22
Luft	110	18,48

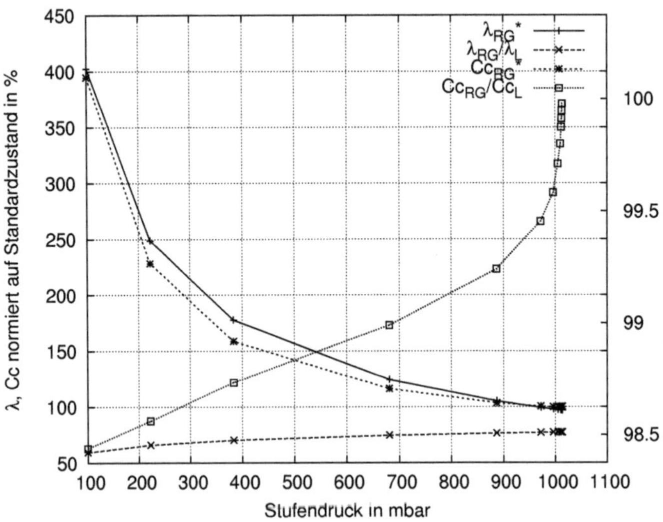

Abbildung A.2: Mittlere freie Weglänge der Gasmoleküle λ und Cunninghamfaktoren der Trennkorndurchmesser der Impaktorstufen bez. a. Standardzustand

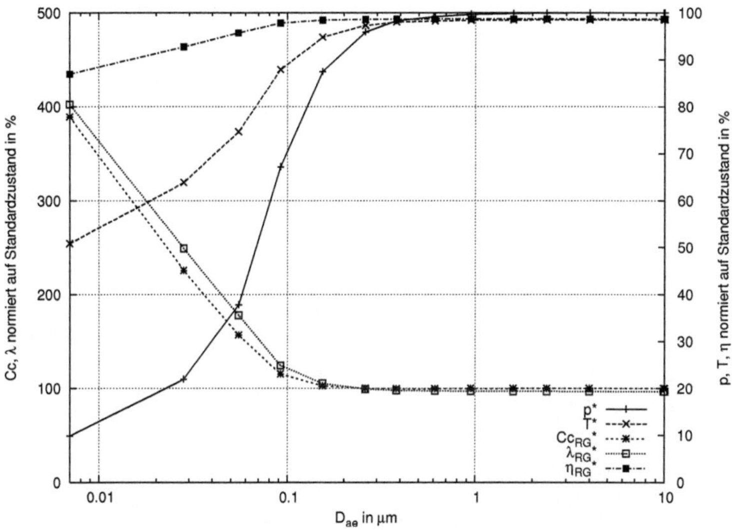

Abbildung A.3: Zustandsgrößen und Kenngrößen des Rauchgases über dem aerodynamischen Trennkorndurchmesser der Impaktorstufen bez. a. Standardzustand

Zusammenfassend zeigt Abbildung A.3 den Verlauf der Zustandsgrößen und Kenngrößen des typischen Rauchgases über dem aerodynamischen Trennkorndurchmesser der Impaktorstufen. Ab der siebten Stufe werden die Zustandsänderungen bezogen auf den Standardzustand so groß, dass die Effekte in den anderen Kennzahlen sichtbar werden. Zu kleineren Trennkorndurchmessern hin wachsen freie Weglänge und Cunninghamfaktoren auf etwa 400 % an und die dynamische Viskosität des Gases verringert sich um ca. 11 %.

A.2 Abhängigkeit der Partikel-Anzahlkonzentrationen vom Restsauerstoff und CO-Gehalt

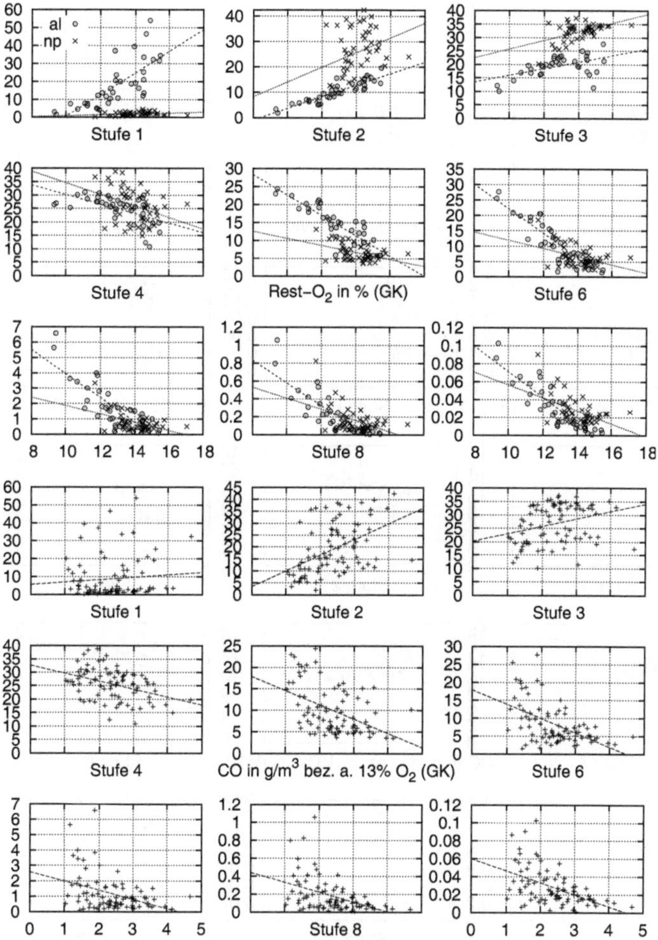

Abbildung A.4: 15 min Mittelwerte der Partikelanzahlkonzentrationen je Impaktorstufe in Abhängigkeit vom Rest-O_2-Gehalt (obere 9) bzw. vom CO-Gehalt (untere 9) für GK

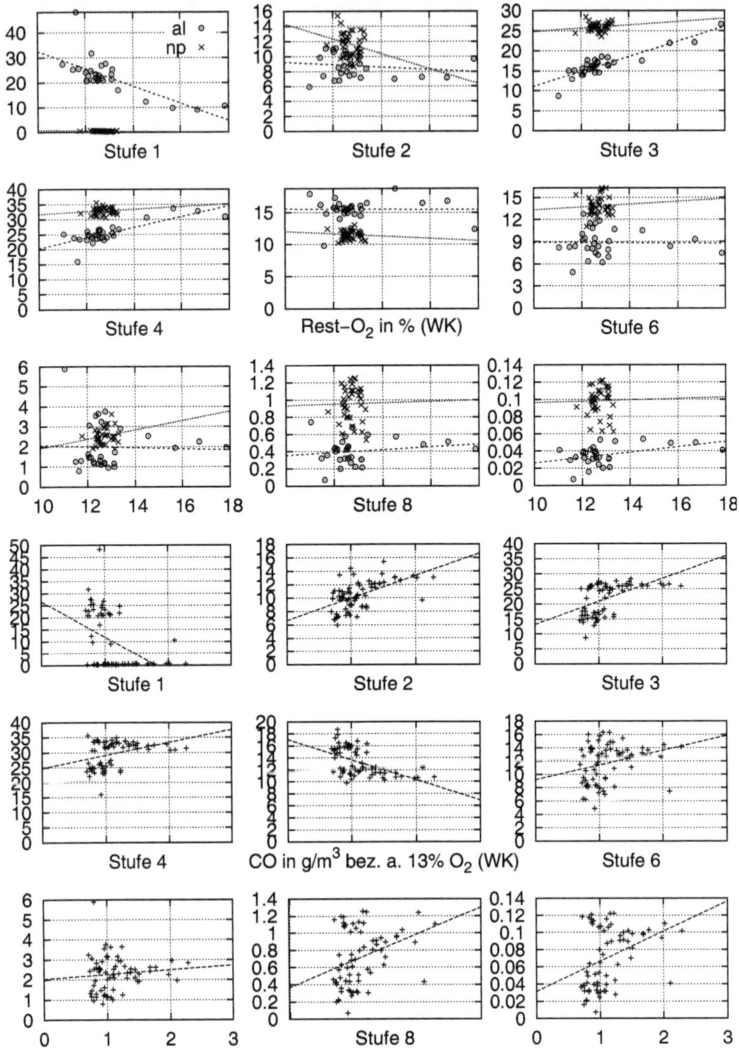

Abbildung A.5: 15 min Mittelwerte der Partikelanzahlkonzentrationen je Impaktorstufe in Abhängigkeit vom Rest-O_2-Gehalt (obere 9) bzw. vom CO-Gehalt (untere 9) für WK

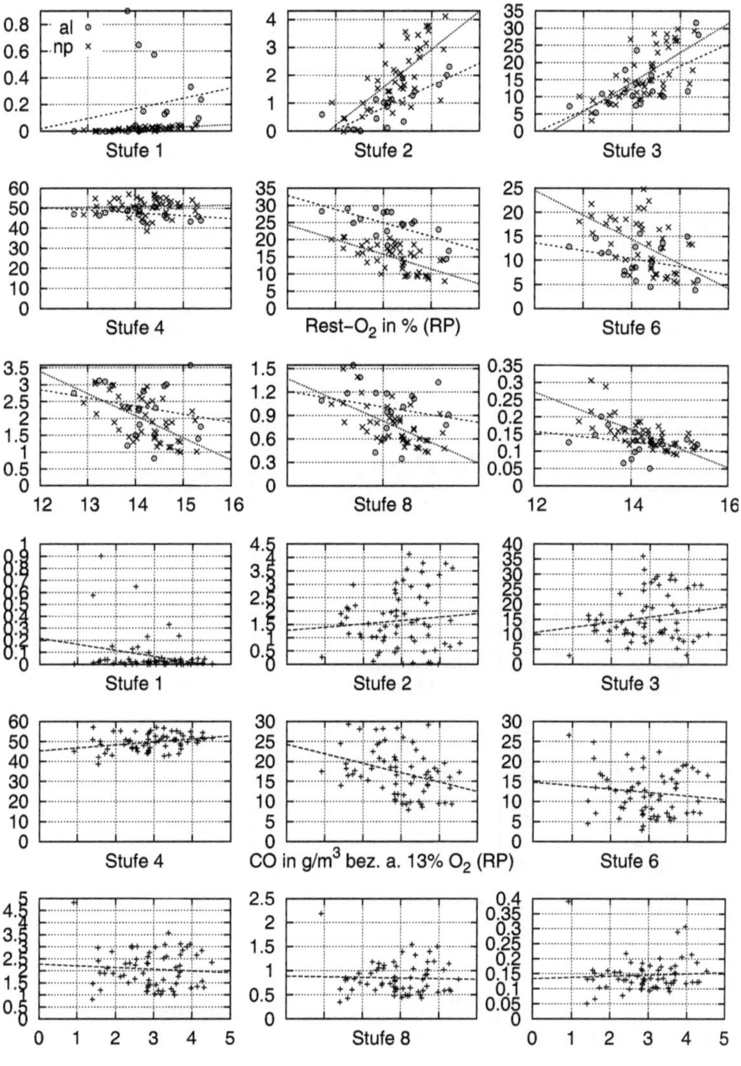

Abbildung A.6: 15 min Mittelwerte der Partikelanzahlkonzentrationen je Impaktorstufe in Abhängigkeit vom Rest-O_2-Gehalt (obere 9) bzw. vom CO-Gehalt (untere 9) für RP

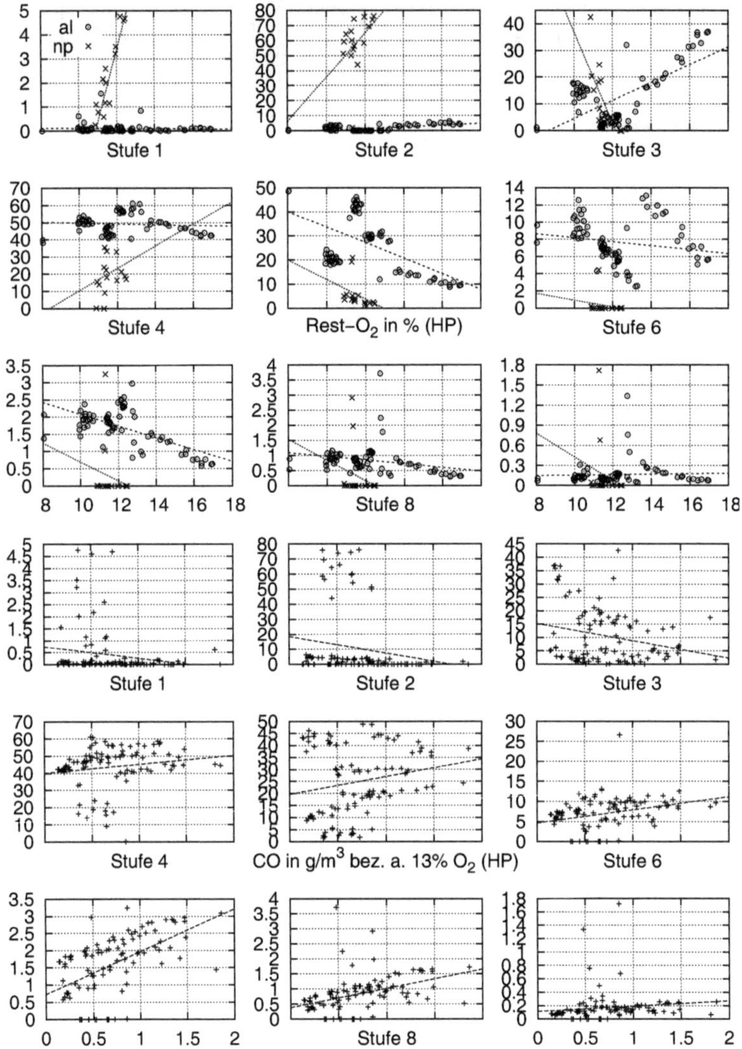

Abbildung A.7: 15 min Mittelwerte der Partikelanzahlkonzentrationen je Impaktorstufe in Abhängigkeit vom Rest-O_2-Gehalt (obere 9) bzw. vom CO-Gehalt (untere 9) für HP

Literatur

[1] *Richtlinie 2008/50/EG des Europäischen Parlaments und des Rates über Luftqualität und saubere Luft für Europa.* : *Richtlinie 2008/50/EG des Europäischen Parlaments und des Rates über Luftqualität und saubere Luft für Europa.* 21. Mai 2008

[2] ; Institut für Arbeitsschutz der Deutschen Gesetzlichen Unfallversicherung (Veranst.): *Gefahrstoffinformationssystem der Deutschen Gesetzlichen Unfallversicherung.* `http://www.dguv.de/ifa/de/gestis/stoffdb/index.jsp`. Version: 2008

[3] *Verordnung über Luftqualitätsstandards und Emissionshöchstmengen (Entwurf).* : *Verordnung über Luftqualitätsstandards und Emissionshöchstmengen (Entwurf).* 39. BImSchV, Mai 2009

[4] ADUNKA, Franz: *Messunsicherheiten: Theorie und Praxis.* Essen : Vulkan-Verlag, 1998. – ISBN 3–8027–2186–1

[5] AIR POLLUTION, Joint WHO / Convention Task F. o. ; THEAKSTON, Frank (Hrsg.): Health risks of particulate matter from long-range transboundary air pollution / World Health Organisation Europe. World Health Organisation Europe, 2006. – Forschungsbericht

[6] ALLEN, Michael D. ; RAABE, Otto G.: Slip Correction Measurements of Spherical Solid Aerosol Particles in an Improved Millikan Apparatus. In: *Aerosol Science and Technology* 4 (1985), Nr. 3, S. 269–286. `http://dx.doi.org/10.1080/02786828508959055`. – DOI 10.1080/02786828508959055

[7] AMAND, Lars-Erik ; LECKNER, Bo ; ESKILSSON, David ; TULLIN, Claes: Deposits on heat transfer tubes during co-combustion of biofuels and sewage sludge. In: *Fuel* 85 (2006), S. 1313 – 1322

[8] ANNELE VIRTANEN, Jyrki Ristimaki Jorma K. Marko Marjamaki M. Marko Marjamaki: Fine particle losses in electrical low-pressure impactor. In: *Aerosol Science* 32 (2001), S. 389–401

[9] BAKKER, R. R. ; ELBERSEN, H. W.: *Managing Ash content and -quality in herbaceous biomass: an analysis from plant to product.* Wageningen University & Research Centre (WUR), 2005

[10] BARTENBACH, Berndt: *Untersuchungen zur Rußbildung und Rußoxidation unter den Bedingungen turbulenter Diffusionsflammen*, Universität Karlsruhe, Diss., 1998. – ISBN: 3-8265-4355-6

[11] BECK, Jens ; UNTERBERGER, Sven: The behaviour of phosphorus in the flue gas during the combustion of high-phosphate fuels. In: *Fuel* 85 (2006), July-August, Nr. 10-11, S. 1541 – 1549. `http://dx.doi.org/10.1016/j.fuel.2006.01.005`. – DOI 10.1016/j.fuel.2006.01.005

[12] BRAUN-FAHRLÄNDER, Charlotte: Health Effects of Aerosols: What is the Epidemiologic Evidence? In: [62], S. 11–18. – International Seminar at 27 June 2001 in Zurich (Switzerland)

[13] BRIDGEWATER, A. V. ; FAHMI, R. ; DARVELL, L. I. ; YATES, N. ; JONES, J. M. ; THAIN, S. ; DONNISON, I. S.: The effect of alkali metals on combustion and pyrolysis of Lolium and Festuca grasses, switchgrass and willow. In: *Fuel* (2007), Nr. 86, S. 1560–1569. – ISSN 0016–2361

[14] BRUNNER, T. ; JOELLER, M. ; OBERNBERGER, I. ; FRANDSEN, F.: Aerosol and Fly Ash Formation in Fixed Bed Biomass Combustion Systems Using Woody Biofuels. In: *12th European Conference and Technology Exhibition on Biomass for Energy, Industry and Climate Protection*, 2002

[15] BRUNNER, T. ; OBERNBERGER, I. ; BROUWERS, J.J.H. ; PREVEDEN, Z.: Efficient and Economic Dust Separation from Flue Gas by the Rotational Particle Separator as an Innovative Technology for Biomass Combustion and Gasification Plants. In: C.A.R.M.E.N. (Hrsg.): *Proc. of the 10th European Bioenergy Conference*, 1998

[16] BUNDESMINISTERIUM FÜR UMWELT, NATURSCHUTZ UND REAKTORSICHERHEIT (Hrsg.): *Erste Verordnung zur Durchführung des Bundes-Immissionsschutzgesetzes*. Bundesministerium für Umwelt, Naturschutz und Reaktorsicherheit, März 1997

[17] BUNDESMINISTERIUM FÜR UMWELT, NATURSCHUTZ UND REAKTORSICHERHEIT (Hrsg.): *Erste Verordnung zur Durchführung des Bundes-Immissionsschutzgesetzes*. Bundesministerium für Umwelt, Naturschutz und Reaktorsicherheit, Februar 2010

[18] CHRISTENSEN, Kurt A. ; LIVBJERG, Hans: A Plug Flow Model for Chemical Reactions and Aerosol Nucleation and Growth in an Alkali-Containing Flue Gas. In: *Aerosol Science and Technology* 33 (2000), S. 470–789

[19] CHRISTENSEN, Kurt A. ; STENHOLM, Michael ; LIVBJERG, Hans: The Formation of Submicron Aerosol Particles, HCl and SO2 in Straw-Fired Boilers. In: *J. Aerosol Sci* 29 (1998), Nr. 4, S. 421–444. http://dx.doi.org/10.1016/s0021-8502(98)00013-5. – DOI 10.1016/s0021–8502(98)00013–5

[20] DAVIDSSON, K. O. ; AMAND, Lars-Erik ; LECKNER, Bo ; KOVACEVIK, Borka ; SVANE, Maria ; HAGSTÖM, Magnus ; PETTERSSON, Jan B. C. ; PETTERSSON, Jesper ; ASTEMAN, Henrik ; SVENSSON, Jan-Erik ; JOHANSSON, Lars-Gunnar: Potassium, Chlorine, and Sulfur in Ash, Particles, Deposits, and Corrosion during Wood Combustion in a Circulating Fluidized-Bed Boiler. In: *Energy & Fuels* 21 (2007), Nr. 1, S. 71–81. http://dx.doi.org/10.1021/ef060306c. – DOI 10.1021/ef060306c

[21] DAVIDSSON, K. O. ; KORSGREN, J. G. ; PETTERSSON, Jan B. C. ; JÄGLID, Ulf: The effects of fuel washing techniques on alkali release from biomass. In: *Fuel* 81 (2002), Nr. 2, 137–142. http://dx.doi.org/10.1016/s0016-2361(01)00132-6. – DOI 10.1016/s0016–2361(01)00132–6

[22] DAVIDSSON, K. O. ; PETTERSSON, Jan B. C. ; NILSSON, R.: Fertiliser influence on alkali release during straw pyrolysis. In: *Fuel* 81 (2002), Nr. 3, S. 259–262. http://dx.doi.org/10.1016/s0016-2361(01)00172-7. – DOI 10.1016/s0016–2361(01)00172–7

[23] DAVIDSSON, K. O. ; STOJKOVA, B. J. ; PETTERSSON, Jan B. C.: Alkali Emission from Birchwood Particles during Rapid Pyrolysis. In: *Energy & Fuels* 16 (2002), Nr. 5, S. 1033–1039. http://dx.doi.org/10.1021/ef010257y. – DOI 10.1021/ef010257y

[24] DECARLO, Peter F. ; SLOWIK, Jay G. ; WORSNOP, Douglas R. ; DAVIDOVITS, Paul ; JIMENEZ, Jose L.: Particle Morphology and Density Characterization by Combined Mobility and Aerodynamic Diameter Measurements. Part 1: Theory. In: *Aerosol Science and Technology* 38 (2004), S. 1185–1205. http://dx.doi.org/10.1080/027868290903907. – DOI 10.1080/027868290903907. – ISSN 1521–7388

[25] DEKATI LTD. (Hrsg.): *ELPI User Manual*. 4.0. Tampere, Finland: Dekati Ltd., 2003

[26] DONNET, Jean-Baptiste (Hrsg.) ; BANSAL, Roop C. (Hrsg.) ; WANG, Meng-Jiao (Hrsg.): *Carbon Black*. 2. New York : Marcel Dekker Inc., 1993. – ISBN 0–8247–8975–X

[27] E. M. FITZPATRICK, J. Bates G. An-drews J. M. Jones H. Phylaktou M. P. A. B. Ross R. A. B. Ross ; WILLIAMS, A.: Emission of oxygenated species from the combustion of pine wood and its relation to soot formation. In: *Trans IChemE* 85 (2007), Sept., Nr. B5, S. 430 – 440

[28] EBERT, F.: Particle Separation for Biomass Combustion. In: NUSSBAUMER (Hrsg.): *Aerosols from Biomass Combustion*. Verenum, 2001

[29] FRIEDLANDER, Sheldon K.: *Smoke, Dust, and Haze*. 2. Oxford University Press, 2000

[30] GAEGAUF, Christian ; SCHMID, Martin ; JENNI, Andres: Wirksamkeit neuer Abscheidetechniken in Holzfeuerungsabgasen bezüglich Feinpartikeln / Ökozentrum Langenbruck. 2003. – Forschungsbericht

[31] GLARBORG, Peter: Hidden interactions?Trace species governing combustion and emissions. In: *Proc Comb Inst* 31 (2007), S. 77–98. http://dx.doi.org/doi:10.1016/j.proci.2006.08.119. – DOI doi:10.1016/j.proci.2006.08.119

[32] GLARBORG, Peter ; MARSHALL, Paul: Mechanism and modeling of the formation of gaseous alkali sulfates. In: *Combustion and Flame* 141 (2005), S. 22–39. http://dx.doi.org/10.1016/j.combustflame.2004.08.014. – DOI 10.1016/j.combustflame.2004.08.014

[33] HART, Hans ; LOTZE, Werner ; WOSCHNI, Eugen-Georg: *Messgenauigkeit*. München : R. Oldenbourg Verlag, 1997. – ISBN 3–486–22774–2

[34] HARTMANN, Hans ; BÖHM, Thorsten ; MAIER, Leonard: Naturbelassene biogene Festbrennstoffe - umweltrelevante Eigenschaften und Einflussmöglichkeiten / Institut und Bayerische Landesanstalt für Landtechnik Weihenstephan. Version: September 2000. http://www.tec.agrar.tu-muenchen.de. Technische Universität München, September 2000. – Abschlussbericht

[35] HARTMANN, Hans ; SCHMID, Volker ; LINK, Heiner: Untersuchungen zum Feinstaubausstoß von Holzzentralheizungsanlagen kleiner Leistung / Technologie- und Förderzentrum (TFZ) im Kompetenzzentrum für Nachwachsende Rohstoffe. 2003. – Forschungsbericht

[36] HINDIYARTI, Lusi ; FRANDSEN, Flemming ; LIVBJERG, Hans ; GLARBORG, Peter ; MARSHALL, Paul: An exploratory study of alkali sulfate aerosol formation during biomass combustion. In: *Fuel* 87 (2008), 1591–1600. http://dx.doi.org/10.1016/j.fuel.2007.09.001. – DOI 10.1016/j.fuel.2007.09.001

[37] HINDS, William C.: *Aerosol Technology*. 2. New York : John Wiley & Sons, 1999. – ISBN 0–471–19410–7

[38] HUHEEY, James E. ; KEITER, Ellen A. ; KEITER, Richard L. ; HUHEEY, James E. (Hrsg.): *Anorganische Chemie*. 2. Walter de Gruyter & Co., 1995

[39] IISA, K. ; LU, Yongqi: Sulfation of Potassium Chloride at Combustion Conditions. In: *Energy & Fuels* 13 (1999), Nr. 6, S. 1184–1190. http://dx.doi.org/10.1021/ef990057a. – DOI 10.1021/ef990057a

[40] JENKINS, B. M. ; BAKKER, R. R. ; WEI, J. B.: On the properties of washed straw. In: *Biomass and Bioenergy* 10 (1996), Nr. 4, S. 177–200

[41] JENKINS, B. M. ; WILLIAMS, R. B. ; BAKKER, R. R. ; BLUNK, S. ; YOMOGIDA, D. E. ; CARLSON, W. ; DUFFY, J. ; BATES, R. ; STUCKI, K. ; TIANGCO, V.: Combustion of Leached Rice Straw for Power Generation. In: *Biomass: A growth opportunity in green energy and value-added products* (1999), S. 1357–1363

[42] JENSEN, J. R. ; NIELSEN, L. B. ; SCHULTZ-MOELLER, C. ; WEDEL, S. ; LIVBJERG, Hans: The Nucleation of Aerosols in Flue Gases with a High Content of Alkali - A Laboratory Study. In: *Aerosol Science and Technology* 33 (2000), S. 490–509

[43] JIA LI, Peter V. H. Mihaly Posfai P. Mihaly Posfai ; BUSECK, Peter R.: Individual aerosol particles from biomass burning in southern Africa: 2, Compositions and aging of inorganic particles. In: *JOURNAL OF GEOPHYSICAL RESEARCH, 8484* 108 (2003), Nr. D13, S. SAF 20 1–12. http://dx.doi.org/10.1029/2002JD002310. – DOI 10.1029/2002JD002310

[44] JIMENEZ, Santiago ; BALLESTER, Javier: Formation of alkali sulphate aerosols in biomass combustion. In: *Fuel* 86 (2007), S. 486–493. – ISSN 0016–2361

[45] JOKINIEMI, J. ; LIND, Terttaliisa ; HOKKINEN, Jouni ; KURKELA, Juha ; KAUPPINEN, Esko I.: Modelling and experimental results on aerosol formation, deposition and emissions in fluidized bed combustion of biomass. In: [62], Kapitel 5, S. 31 – 40. – International Seminar at 27 June 2001 in Zurich (Switzerland)

[46] KALTSCHMITT, M. (Hrsg.) ; HARTMANN, H. (Hrsg.): *Energie aus Biomasse*. Berlin, Heidelberg, New York : Springer-Verlag, 2001

[47] KEOWN, Daniel M. ; HAYASHI, Jun-ichiro ; LI, Chun-Zhu: Effects of volatile-char interactions on the volatilisation of alkali and alkaline earth metallic species during the pyrolysis of biomass. In: *Fuel* 87 (2008), S. 1187–1194. http://dx.doi.org/10.1016/j.fuel.2007.05.056. – DOI 10.1016/j.fuel.2007.05.056

[48] KNUDSEN, Jacob N. ; JENSEN, Peter A. ; DAM-JOHANSEN, Kim: Transformation and Release to the Gas Phase of Cl, K, and S during Combustion of Annual Biomass. In: *Energy & Fuels* 18 (2004), July, Nr. 5, S. 1385–1399. http://dx.doi.org/10.1021/ef049944q. – DOI 10.1021/ef049944q

[49] LAHL, Uwe: Feinstaubemissionen aus der Biomasseverbrennung in Kleinfeuerungsanlagen / Bundesministerium für Umwelt, Naturschutz und Reaktorsicherheit. 2006. – Forschungsbericht

[50] LAUNHARDT, Thomas: *Umweltrelevante Einflüsse bei der thermischen Nutzung fester Biomasse in Kleinanlagen*. Freising-Weihenstephan, Technische Universität München, Diss., 2002

[51] LIVBJERG, H.: Aerosol Formation From Straw Combustion - Danish Experiences. In: [62], Kapitel 4, S. 29 – 30. – International Seminar at 27 June 2001 in Zurich (Switzerland)

[52] LOHRENGEL, B.: *Abgasreinigung / Immissionsschutz: Abreinigungsfilter*. FH Heilbronn, Januar 2004. http://www.vu.fh-heilbronn.de/Lohrengel/

[53] LOHRENGEL, B.: *Abgasreinigung / Immissionsschutz: Elektrische Abscheider*. FH Heilbronn, Januar 2004. http://www.vu.fh-heilbronn.de/Lohrengel/

[54] LOHRENGEL, B.: *Abgasreinigung / Immissionsschutz: Nassabscheider*. FH Heilbronn, Januar 2004. http://www.vu.fh-heilbronn.de/Lohrengel/

[55] LOHRENGEL, B.: *Abgasreinigung / Immissionsschutz: Zyklone*. FH Heilbronn, Januar 2004. http://www.vu.fh-heilbronn.de/Lohrengel/

[56] M. MARJAMÄKI, A. V. ; KESKINEN, J.: Fine Particle Losses in Cascade Impactors. In: *J. Aerosol Sci.* 29 (1998), S. 441–442. – 5th International Aerosol Conference 1998, Edinburgh

[57] M. MOISIO, A. V. M. Marjamäki M. M. Marjamäki ; KESKINEN, J.: Correction Algorithm for Fine Particle Losses in Cascade Impactor. In: *J. Aerosol Sci. European Aerosol Conference* Bd. 30. Prague, 1999, S. S773 – 774

[58] M. MOISIO, J. H. A. Laitinen L. A. Laitinen ; KESKINEN, J.: Fine Particle Size Distribution of Seven Different Combustion Power Plants. In: *5th International Aerosol Conference*. Edinburgh, Scotland, 12 - 18 September 1998

[59] MARUTZKY, Rainer ; SEEGER, Klaus: *Energie aus Holz und anderer Biomasse*. Leinfelden-Echterdingen : DRW-Verlag Weinbrenner GmbH & Co, 1999

[60] MOISIO, Mikko: *Real Time Size Distribution Measurement of Combustion Aerosols*. Tampere, Tampere University of Technology, Diss., 1999

[61] NADI, M. E. ; ZEID, F. A.: On the Sutherland Model for the Viscosity of Gases. In: *J. Phys. Chem.* 59 (1955), Nr. 10, S. 1107 – 1109. http://dx.doi.org/10.1021/j150532a029. – DOI 10.1021/j150532a029

[62] NUSSBAUMER ; NUSSBAUMER, Thomas (Hrsg.): *Aerosols from Biomass Combustion*. International Energy Agency, 2001. – International Seminar at 27 June 2001 in Zurich (Switzerland)

[63] OSER, M. ; NUSSBAUMER, Thomas ; SCHWEIZER, B. ; MOHR, M. ; FIGI, R.: Influences on aerosol formation in an automatic wood furnace. In: *Aerosols from Biomass Combustion* International Energy Agency, Thomas Nussbaumer, 2001 (BioenergyTask 32: Biomass Combustion and Cofiring), S. 59–64

[64] OSER, Michael ; NUSSBAUMER, Thomas ; MÜLLER, Peter ; MOHR, Martin ; FIGI, Renato: Grundlagen der Aerosolbildung in Holzfeuerungen / Verenum. 2003. – Forschungsbericht

[65] P. GWAZE, H. J. Annegarn M. O. Andreae-J. H. O. Schmid S. O. Schmid ; HELAS, G.: Comparison of three methods of fractal analysis applied to soot aggregates from wood combustion. In: *Journal of Aerosol Science* 37 (2006), S. 820–838

[66] PARK, Kihong ; KITTELSON, David B. ; ZACHARIAH, Miachael R. ; MCMURRY, Peter H.: Measurement of Inherent Material Density of Nanoparticle Agglomerates. In: *Journal of Nanoparticle Research* 6 (2004), S. 267–272

[67] PFAFF, D. ; JENKINS, B. M.: Elemental Gas-Particle Partitioning in Flueidized Bed Combustion and Gasification of a Biomass Fuel. In: BRIDGEWATER, A. V. (Hrsg.): *Progress in Thermochemical Biomass Conversion* Bd. 1. Blackwell Science, 2001, S. 713–729

[68] PREVOT, Andre S.: Aerosols from wood combustion versus traffic in Alpine valleys (AEROWOOD project). In: EMPA (Hrsg.) ; Paul Scherrer Institut (Veranst.): *Fachtagung Feinstaub in der Schweiz* Paul Scherrer Institut, EMPA, Januar 2006

[69] PURI, Ishwar K. (Hrsg.): *Environmental Implications of Combustion Processes*. Boca Raton : CRC Press, 1993. – ISBN 0–8493–4423–9

[70] ROSNER, Ü. Ö. Köylü; C. S. McEnally; D. E. ; PFEFFERLE, L. D.: Simultaneous measurements of soot volume fraction and particle size / microstructure in flames using a thermophoretic sampling technique. In: *Combustion and Flame* 110 (1997), Sept., Nr. 4, S. 494–507

[71] SCHMIDT, Eberhard ; LÖFFLER, Friedrich: *Dust Seperation*. Weinheim : Wiley-VCH Verlag, 2005

[72] SIPPULA, Olli ; HYTÖNEN, Kati ; TISSARI, Jarkko ; RAUNEMAA, Taisto ; JOKINIEMI, Jorma K.: Effect of Wood Fuel on the Emissions from a Top-Feed Pellet Stove. In: *Energy & Fuels* 21 (2007), Nr. 2, S. 1151–1160. http://dx.doi.org/10.1021/ef060286e. – DOI 10.1021/ef060286e

[73] SLOWIK, Jay G. ; JAYNE, J. T. ; DAVIDOVITS, Paul ; WORSNOP, Douglas R.: An Inter-Comparison of Instruments Measuring Black Carbon Content of Soot Particles. In: *Aerosol Science and Technology* 41 (2007), S. 295–314

[74] SLOWIK, Jay G. ; STAINKEN, K. ; DAVIDOVITS, Paul ; WILLIAMS, L. R. ; JAYNE, J. T. ; KOLB, C. E. ; WORSNOP, Douglas R. ; RUDICH, Y. ; DECARLO, Peter F. ; JIMENEZ, Jose L.: Particle Morphology and Density Characterization by Combined Mobility and Aerodynamic Diameter Measurements. Part 2: Application to Combustion-Generated Soot Aerosols as a Function of Fuel Equivalence Ratio. In: *Aerosol Science and Technology* 38 (2004), S. 1206–1222. http://dx.doi.org/10.1080/027868290903916. – DOI 10.1080/027868290903916. – ISSN 1521–7388

[75] STANDARDS, National I. (Hrsg.) ; TECHNOLOGY (Hrsg.): *NIST Standard Reference Database 69*. National Institute of Standards and Technology (NIST), 2005 http://webbok.nist.gov

[76] STANMORE, B. R. ; BRILHAC, J. F. ; GILOT, P.: The Oxidation Of Soot: A Review Of Experiments, Mechanisms And Models. In: *Carbon* 39 (2001), S. 2247–2268

[77] STAVEK, Jiri ; ULRICH, Joachim: Interpretation of Crystal Growth and Dissolution by the Reaction Fractal Dimensions. In: *Cryst. Res. Technol.* 29 (1994), Nr. 6, S. 763–785

[78] STIESS, Matthias: *Mechanische Verfahrenstechnik*. 2. Berlin : Springer, 1994

[79] *Kapitel* Chapter 102: Release of Chlorine From Biomass and Model Compunds at Pyrolysis and Gasification Conditions. In: STRÖMBERG, B.: *Progress in Thermochemical Biomass Conversion*. Blackwell Science Ltd, 2001, 1234-1245

[80] TECHNOLOGIE, Bundesministerium für Wirtschaft u.: Zahlen und Fakten Energiedaten - Nationale und Internationale Entwicklung / Referat III C3. Version: 2009. http://www.bmwi.de/BMWi/Navigation/Energie/energiestatistiken.html. 2009. – Forschungsbericht

[81] VDI (Hrsg.): *Wärmeatlas*. 8. VDI, 1997

[82] VINCENT, James H.: *Aerosol Sampling*. Chichester : John Wiley & Sons, 2007. – ISBN 978–0–470–02725–7

[83] WARNATZ, Jürgen ; MAAS, Ulrich ; DIBBLE, Robert W.: *Verbrennung*. 3. Berlin, Heidelberg, New York : Springer-Verlag, 2001. – ISBN 3–540–42128–9

[84] WIEDEMANN, Richard: *Untersuchungen an Kaskadenimpaktoren*, Technische Universität München, Diss., 1982

[85] WIINIKKA, Henrik ; GEBART, Rikard ; BOMANN, Christoffer ; BOSTRÖM, Dan ; ÖHMAN, Marcus: Influence of fuel ash composition on high temperature aerosol formation in fixed bed combustion of woody biomass pellets. In: *Fuel* 86 (2007), S. 181–193. http://dx.doi.org/10.1016/j.fuel.2006.07.001. – DOI 10.1016/j.fuel.2006.07.001

[86] WILKEN, Jens ; KATHER, Alfons: Einsatz von Strohpellets und Energiegetreide in Kleinfeuerungsanlagen. In: *VDI-Berichte* 1988 (2007), S. 463–468

[87] WOLDE, Jörg: *Untersuchung von Partikelemissionen an Kleinfeuerungsanlagen*, TUHH, Diplomarbeit, 2007

[88] YU, Chunjiang ; ZHANG, Wennan: Modeling Potassium Release in Biomass Pyrolysis. In: BRIDGEWATER, A. V. (Hrsg.): *Progress in Thermochemical Biomass Conversion* Bd. 2. Blackwell Science, 2001, S. 1107–1115

[89] ZEUTHEN, Jacob H. ; JENSEN, Peter A. ; JENSEN, Jörgen P. ; LIVBJERG, Hans: Aerosol Formation during the Combustion of Straw with Addition of Sorbents. In: *Energy & Fuels* 21 (2007), Nr. 2, S. 699–709. `http://dx.doi.org/10.1021/ef060392g`. – DOI 10.1021/ef060392g

Lebenslauf

Name	Wilken
Vorname	Jens
Geburtsdatum	24.03.1978
Geburtsort, -land	Hamburg, Deutschland
08.1984 - 06.1988	Grundschule in Aumühle, Schleswig-Holstein
08.1988 - 06.1997	Gymnasium in Wentorf bei Hamburg, Schleswig-Holstein
09.1997 - 10.1998	Zivildienst in Hamburg
10.1998 - 03.2004	Studium an der Technischen Universität Hamburg-Harburg: Allgemeine Ingenieurwissenschaften, Energietechnik Abschluss: Bachelor of Science
04.2004 - 02.2005	Studium an der Technischen Universität Hamburg-Harburg: Maschinenbau, Energietechnik Abschluss: Diplom-Ingenieur
03.2005 - 06.2009	Wissenschaftlicher Mitarbeiter am Institut für Energietechnik der Technischen Universität Hamburg-Harburg
06.2009 - heute	Ingenieur bei der Fichtner GmbH & Co. KG, Stuttgart